云进化计算

罗自强 著

电子工业出版社
Publishing House of Electronics Industry
北京·BEIJING

内 容 简 介

最优化问题指在某些约束条件下，求解某些可选择的变量，使所选定的目标函数达到最优。进化计算是受生物进化过程中"优胜劣汰"的自然选择机制和遗传信息传递规律的启发而形成的优化方法。云模型和进化计算思想的有效结合拓宽了云模型的应用领域，也为进化计算的研究进行了新的探索和尝试。云模型在知识表示中具有不确定性中带有确定性、稳定中又有变化的特点，体现了自然界物种进化的基本原理。本书简单介绍了5种进化计算方法，综述了多种新颖的云进化算法，以及应用云模型对遗传算法、进化规划、进化策略、蚁群算法、粒子群算法、量子进化算法、差分进化算法、人工蜂群算法、人工鱼群算法、模拟退火算法、蛙跳算法、果蝇优化算法等进行改进的方法，详细阐述了云模型、基于贪心思想和云模型的进化算法，以及云进化策略方法。

本书适合智能计算、人工智能等专业领域的理工科大学教师和研究生阅读，也可供相关领域研究人员及工程技术人员参考。

未经许可，不得以任何方式复制或抄袭本书之部分或全部内容。
版权所有，侵权必究。

图书在版编目（CIP）数据

云进化计算/罗自强著. —北京：电子工业出版社，2019.12
ISBN 978-7-121-38037-2

Ⅰ. ①云… Ⅱ. ①罗… Ⅲ. ①数值计算 Ⅳ. ①O241

中国版本图书馆 CIP 数据核字（2019）第 268280 号

责任编辑：朱雨萌　　特约编辑：王　纲
印　　刷：北京虎彩文化传播有限公司
装　　订：北京虎彩文化传播有限公司
出版发行：电子工业出版社
　　　　　北京市海淀区万寿路 173 信箱　　邮编：100036
开　　本：720×1 000　1/16　印张：11.5　字数：188 千字
版　　次：2019 年 12 月第 1 版
印　　次：2023 年 1 月第 2 次印刷
定　　价：88.00 元

凡所购买电子工业出版社图书有缺损问题，请向购书店调换。若书店售缺，请与本社发行部联系，联系及邮购电话：(010) 88254888，88258888。
质量投诉请发邮件至 zlts@phei.com.cn，盗版侵权举报请发邮件至 dbqq@phei.com.cn。
本书咨询联系方式：(010) 88254750。

前　言

优化问题在科学技术与工程领域中有着极为广泛的应用。随着问题复杂性的增加（如变量维数增多，函数不连续、不可微，或者无法用数学表达式描述），传统的基于导数（或梯度）的方法就不再适用了。受生物进化过程中"优胜劣汰"的自然选择机制和遗传信息传递规律的启发，逐渐形成了一类智能优化计算方法——进化计算。

全书共分 4 章，第 1 章简单介绍了进化计算的五大分支——遗传算法、进化策略、进化规划、遗传编程、差分进化算法，综合论述了很多学者提出的各种新颖的基于云模型的进化算法，以及应用云模型对遗传算法、进化规划、进化策略、蚁群算法、粒子群算法、量子进化算法、差分进化算法、人工蜂群算法、人工鱼群算法、模拟退火算法、蛙跳算法、果蝇优化算法等进行改进的成果；第 2 章介绍了正态云模型、三种逆向云算法，分析了多重迭代的正态分布和广义正态云模型，概要介绍了云运算、云变换、虚拟云，以及基于云模型的单规则推理和多规则推理；第 3 章依据贪心思想的选择策略和云模型的随机性提出了两种新颖的进化算法，并分别应用于求解旅行商问题和背包问题；第 4 章介绍了一种云进化策略方法。最后，在本书的附录 A 部分提供了求解旅行商问题和背包问题的 MATLAB 源程序。

本书的撰写参考了大量的国内外书籍和文献，出版得到了国家自然科学基金地区科学基金项目（No.61463012），海南师范大学学术著作出版项目（No.ZZ1910），以及海南省重大科技计划项目（ZDKJ2017012）的资助，在此深表谢意。

  岁月如梭，已至不惑，放弃了很多，但幸好有很多在余生需要坚持和挚爱的，激励我坦然而行。

  鉴于作者才疏学浅，时间仓促，书中难免存在疏漏和不妥之处，敬请读者指正。E-mail：luo_letian@163.com。

作　者

2018 年 12 月 26 日

于海口海南师范大学怡园

目 录

第1章 绪论 ·· 1
  1.1 进化计算简介 ·· 1
    1.1.1 遗传算法 ··· 3
    1.1.2 进化策略 ··· 7
    1.1.3 进化规划 ··· 10
    1.1.4 遗传编程 ··· 12
    1.1.5 差分进化算法 ··· 15
  1.2 云进化计算综述 ··· 19
    1.2.1 云进化算法 ·· 19
    1.2.2 云遗传算法 ·· 23
    1.2.3 云进化规划 ·· 27
    1.2.4 云进化策略 ·· 28
    1.2.5 云蚁群算法 ·· 29
    1.2.6 云粒子群算法 ··· 32
    1.2.7 云量子进化算法 ·· 37
    1.2.8 云差分进化算法 ·· 39
    1.2.9 云人工蜂群算法 ·· 41
    1.2.10 云人工鱼群算法 ··· 44
    1.2.11 云模拟退火算法 ··· 47
    1.2.12 云蛙跳算法 ··· 48

	1.2.13	云果蝇优化算法	49
1.3	本章小结		50

第2章 云模型 51

- 2.1 引言 51
- 2.2 正态云模型 51
  - 2.2.1 云和云的数字特征 51
  - 2.2.2 正向云发生器 55
  - 2.2.3 正态云的概率分析 59
- 2.3 逆向云算法 66
  - 2.3.1 一种新的逆向云算法 67
  - 2.3.2 逆向云算法的统计分析 71
- 2.4 多维正态云 79
- 2.5 广义正态云模型 83
  - 2.5.1 广义正态分布和广义正态云模型的定义 83
  - 2.5.2 多重迭代广义正态分布的数学分析 84
- 2.6 云运算与词计算 89
  - 2.6.1 代数运算 90
  - 2.6.2 云的代数运算的统计算法 92
  - 2.6.3 逻辑运算 99
  - 2.6.4 语气运算 101
  - 2.6.5 云变换 102
  - 2.6.6 虚拟云 103
- 2.7 基于云模型的不确定性推理 106
  - 2.7.1 单规则推理 106
  - 2.7.2 多规则推理 109

2.8 本章小结 ··· 110

第3章 云进化算法与组合优化 ··· 111

3.1 引言 ··· 111

3.2 组合优化 ··· 112

3.3 贪心算法 ··· 114

3.4 旅行商问题 ··· 116

    3.4.1 旅行商问题简介 ··· 116

    3.4.2 "近邻"的不确定表示 ··· 119

    3.4.3 基于贪心思想和云模型的进化算法 ··· 119

    3.4.4 实例分析 ··· 121

3.5 背包问题 ··· 124

    3.5.1 背包问题简介 ··· 124

    3.5.2 "性价比最高"的不确定表示 ··· 126

    3.5.3 0-1 KP 的数学描述 ·· 128

    3.5.4 基于贪心思想和云模型的进化算法 ··· 129

    3.5.5 实例分析 ··· 130

3.6 本章小结 ··· 134

第4章 云进化策略与数值优化 ··· 135

4.1 引言 ··· 135

4.2 云进化策略 ··· 135

4.3 云进化策略的变异参数 ··· 139

    4.3.1 云分布和变异参数的概率统计分析 ··· 139

    4.3.2 云分布的离散度 ··· 141

4.4 云进化策略的统计分析 ··· 144

4.5 Ackley's 函数求解 …………………………………… 148
4.6 软件可靠性分配实例分析 …………………………… 150
4.7 本章小结 ……………………………………………… 153

附录 A　MATLAB 源程序 ………………………………… 155

参考文献 …………………………………………………… 165

第 1 章 绪 论

1.1 进化计算简介

生命自从在地球上诞生以来，就开始了漫长的演化历程，逐步从低级、简单的生物发展为高级、复杂的生物。生物进化的原因有着各种不同的解释，其中，达尔文（C. R. Darwin）的自然选择学说被广泛认同。依据达尔文的进化论，各种生物要生存下来，都要经历"自然选择，适者生存"的过程；每个物种在不断的发展过程中都越来越适应环境；物种的每个个体的基本特征被后代所继承，但后代又不完全与自己的父代相同；在个体的生存与发展中，那些更能适应环境的个体特征能被保留下来，体现了适者生存的原理。根据孟德尔（G. J. Mendel）和摩根（T. H. Morgan）的遗传学，遗传物质作为一种指令遗传码封装在每个细胞中，并以基因的形式包含在染色体中；每个基因有特殊的位置并控制生物某个特殊的性质；不同的基因组合产生的个体对环境的适应性不同，通过基因杂交和基因突变可能产生对环境适应性强的后代；经过优胜劣汰的自然选择，适应值高的基因结构得以保存下来。在一定的环境影响下，生物物种通过自然选择、基因交换和变异等过程进行繁殖生长，形成了生物的整个进化过程。

生物进化需要4个基本条件：

（1）存在由多个生物个体组成的种群。

（2）群体具有多样性，即生物个体之间存在差异。

（3）种群能够繁衍。

（4）不同个体具有不同的环境生存能力，具有优良基因结构的个体繁殖能力强，反之则弱。

生物群体的进化机制有以下3种基本形式。

1. 自然选择

控制生物个体群体行为的发展方向，能够适应环境变化的生物个体具有更高的生存能力，使得它们在种群中的数量不断增加，同时该生物个体所具有的染色体性状特征在自然选择过程中得以保留。

2. 杂交

通过杂交随机组合来自父代染色体上的遗传物质，产生不同于它们父代的染色体。生物进化过程不需要记忆，能很好地适应自然环境的信息都包含在当前生物体所携带的染色体的基因库中，并由子代个体继承下来。

3. 突变

随机改变父代个体的染色体上的基因结构，产生具有新染色体的子代个体。变异是一种不可逆过程，具有突发性、间断性和不可预测性，对于保证群体的多样性具有不可替代的作用。

此外，生物进化是一个开放的过程，自然界对进化中的生物群体提供及时的反馈信息，或称外界对生物的评价。评价反映了生物的生存价值和机会。

在基于相同环境的生存竞争中，生存价值低的个体被淘汰，具有较高生存价值的个体则能生存下来，这反映了生物进化的外部动力机制。

进化计算（Evolutionary Computation，EC）的基本思想来源于达尔文的进化论，以及孟德尔和摩根的遗传学说。进化算法通过程序迭代模拟这一过程，即把要解决的问题看作环境，一些随机生成的解当作初始种群，效仿生物的遗传方式，主要采用复制、交换和突变这三种遗传操作，衍生出下一代的个体；再根据适应度的大小进行个体的优胜劣汰，提高新一代群体的质量，经过多次迭代，逐步寻求最优解。与传统的基于微积分的方法和穷举法等优化算法相比，进化计算是一种成熟的具有高稳健性和广泛适用性的全局优化方法，具有自组织、自适应、自学习的特性，能够不受问题性质的限制，有效地处理传统优化算法难以解决的复杂问题。

进化算法是一种全局性随机搜索算法，不是盲目搜索，也不是穷举搜索，而是以目标函数为指导（既不需要计算目标函数的导数和梯度，也不要求目标函数具有连续性）进行搜索。进化算法具有内在的隐含并行性和全局寻优能力，不断借助交叉和变异产生新个体，扩大搜索范围，因此它不容易陷入局部最优解，并能以较大的概率找到全局最优解。

进化计算包括遗传算法（Genetic Algorithm，GA）、进化策略（Evolutionary Strategies，ES）、进化规划（Evolutionary Programming，EP）、遗传编程（Genetic Programming，GP）、差分进化算法（Differential Evolution Algorithm，DEA）等[1-25]。

1.1.1 遗传算法

1962 年，美国密歇根大学 J. H. Holland 等人[7,8]借鉴了达尔文的生物进化论和孟德尔的遗传定律的基本思想，通过提取、简化与抽象提出了遗传算法（GA）。GA 是从一个经过基因（Gene）编码的一定数目的个体（Individual）组成的种群（Population）开始的，代表了问题可行解集。每个个体实际上是染色体（Chromosome）带有特征的实体。染色体作为遗传物质的主要载体，其内部表现（基因型）是某种基因组合，它决定了个体的外部表现。例如，肤色是由染色体中控制这一特征的某种基因组合决定的。因此，在一开始需要实现从表现型到基因型的映射，即编码工作。由于仿照基因编码的工作很复杂，往往需要进行简化，如二进制编码。初始种群产生之后，按照适者生存和优胜劣汰的原理，逐代（Generation）演化产生出越来越好的近似解，在每一代，根据问题域中个体的适应度（Fitness）大小选择（Selection）个体，并借助于自然遗传学的遗传算子（Genetic Operators）进行组合交叉（Crossover）和变异（Mutation），产生出代表新的解集的种群。这个过程将导致种群像自然进化一样，后代种群比前代更加适应环境，末代种群中的最优个体经过解码（Decoding），可以作为问题近似最优解。

编码机制直接制约着 GA 的性能。二进制编码被广泛应用于各种 GA 中，但这种编码方法在连续函数离散化时存在映射误差，因而又提出了很多非二进制编码方法：格雷码、树型编码、量子比特编码等。

适应度函数将目标函数值转换成适应值，用来评价个体的优劣，并作为遗传操作的依据。适应度是指种群中各个个体对环境的适应程度，根据适应度的大小，决定某个个体是繁殖还是死亡，因此适应度是进化的驱动力。从生物学角度看，适应度相当于"适者生存，生存竞争"的生物生存能力，在进化过程中有重要意义。适应度通常是费用、盈利、方差等目标的表达式。适应度函数通常根据目标函数和约束条件来设计，要确保目标函数变化方向与适应度函数变化方向一致，这是 GA 的重要搜索依据。适应度函数的优劣决定着算法的收敛性能，以及算法能否跳出局部最优解，各种变换尺度策略（如线性尺度变换、指数尺度变换等）被用来调节原适应值之间的比例。

遗传算子主要通过选择、交叉和变异 3 种操作来实现搜索。国内外很多研究对遗传算子进行改进以提高算法性能，S. A. Jafari 等人[9]设计了一种模糊准则和性别选择方法，张钹等人[10]用佳点集方法改进了交叉操作，孟伟等人[11]

基于蜜蜂进化模型将最优个体与其余个体分别交叉,杨启文等人[12]借鉴数字技术中的二元逻辑设计了一种二元变异算子,这些改进都能不同程度地提高种群多样性和进化速度,克服早熟收敛。吴少岩等人[13]研究交配算子与其探索子空间的关系,提出了设计良好算子的指导性原则,并构造出了一种启发式交配算子。

总的来说,GA 具有较好的全局搜索能力,算法的迭代基于概率机制以满足随机性特点,容易扩展并与其他算法融合。然而,GA 不能有效利用反馈信息,往往会造成迭代的冗余,使得算法效率较低,容易进入早熟收敛,局部寻优能力需要不断改进提高。

GA 是一个迭代计算过程,其实施的主要步骤包括编码、群体初始化、选择、遗传操作、评价和终止判定 6 步,GA 流程图如图 1-1 所示。

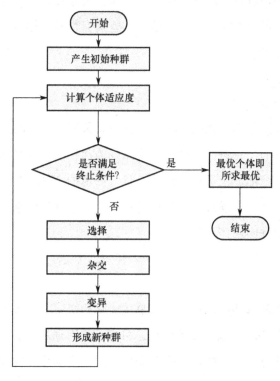

图 1-1 GA 流程图

1. 编码

编码的主要任务是建立解空间与染色体空间中点的一一对应关系。GA 通常在染色体空间中进行操作。在多数情况下，不同的编码方式决定了不同的遗传操作方式。对编码的一般原则性要求主要有完备性、健全性和非冗余性。完备性是指解空间中的所有点都能表示为染色体空间中的点，健全性是指染色体空间中的所有点都能表示为解空间中的点，非冗余性是指解空间和染色体空间中的点一一对应。

2. 群体初始化

与传统优化方法相比，GA 的一个显著的特点是对群体进行操作，所以在进化开始时必须进行群体初始化，产生进化的起点群体。通常随机构造初始群体，当然也可以在初始群体中植入一些具有特殊"性状"的个体，以加速算法向全局最优解收敛。

3. 选择

GA 的选择操作与生物的自然选择机制相类似，它体现了"适者生存，不适者被淘汰"的生物进化机理。实现原则为"性状"优良的个体具有较多的机会被选进交配池产生后代，而"性状"低劣的个体则具有较少的机会被选择。这里的"性状"通过评价操作进行量化。最常用的选择方式是赌轮选择、联赛选择和排序选择。

4. 遗传操作

遗传操作被视为 GA 的核心。它直接影响和决定了 GA 的优化能力，是生物进化机理在 GA 中最主要的体现。目前，已有适用于各种不同类型问题的多种遗传操作算子。其中，杂交与变异是最常用的遗传操作，杂交体现了同一群体中不同个体之间的信息交换，而变异则能维系群体中信息的多样性。

这些遗传操作在优化中的主要作用是以不同的方式不断产生新的个体。

5．评价

评价是 GA 的驱动力，是 GA 体现有向搜索、区别于随机搜索的标志。它将同一群体中不同个体的优劣进行数值标量化，为选择操作提供客观依据。确定 GA 评价准则主要依赖于要求解的问题。

6．终止判定

通常依靠经验和运行结果给定的进化最大代数作为终止判据。

GA 的早熟问题（Premature Convergence）是指进化过程收敛于非期望的局部极值或群体的最佳个体进化到问题的非最优解，进化过程就停滞不前的现象。早熟问题严重影响了 GA 的应用，目前，还没有一种通用的解决方法。用 GA 求解一个复杂的实际优化问题，无法定量、准确地判断在优化过程中何时出现早熟，因而，控制或消除早熟问题就比较困难。

1.1.2 进化策略

1964 年，德国柏林工业大学的 H. P. Schwefel[15]和 I. Rechenberg[16]在研究流体动力学问题时，如弯管形状优化试验，按照自然突变和自然选择的生物进化思想提出了一种适合于实数变量的优化算法——进化策略（ES）。该算法优化能力主要依靠变异算子对物体的外形参数进行随机变化并尝试其效果，后来受 GA 的启迪，也引入了辅助的杂交算子。

ES 的个体表示为 $P_i(x,\sigma)$，$i=1, 2, \cdots, n$。其中，$x=(x_1,x_2,\cdots,x_m)$ 为群体中的一个候选实数解；$\sigma=(\sigma_1,\sigma_2,\cdots,\sigma_m)$ 为候选解 x 变异时的正实数参数，称为"策略参数"；m 为优化变量的个数，即优化空间的维数；n 为群体规模。Schwefel 引入了一种高斯变异算子，如果父代某个个体表示为 $P_k(x,\sigma)$，$1 \leqslant k \leqslant n$，由该个体变异后的子代个体表示为 $P_k'(x',\sigma')$，其中 $x'=(x_1',x_2',\cdots,x_m')$，

$\sigma' = (\sigma_1', \sigma_2', \cdots, \sigma_m')$。具体变异过程如下：

$$\sigma_j' = \sigma_j \cdot \exp[\tau \cdot \alpha + \tau' \cdot \beta_j], \quad j=1, 2, \cdots, m \tag{1-1}$$

$$x_j' = x_j + \varepsilon_j, \quad j=1, 2, \cdots, m \tag{1-2}$$

式中，$\alpha \sim N(0,1)$，$\beta_j \sim N(0,1)$，$\varepsilon_j \sim N(0, \sigma_j'^2)$，$\tau$ 是群体变异步长，τ' 是个体变异步长。

从变异式（1-1）和式（1-2）可以看出，ES 的变异主要是 σ 带有随机性的调整，τ 和 τ' 是对调整起关键作用的两个参数，一般

$$\tau = 1/\sqrt{2m}, \quad \tau' = 1/\sqrt{2\sqrt{m}}$$

这两个参数是固定不变的，因而实质上，新的候选解是以原来候选解加上一个服从高斯分布的随机变量变异产生的。

在 ES 中，目标参数和策略参数都需要编码到染色体中。目标参数是指直接涉及适应值计算的参数。策略参数即应用于进化算法中的控制参数，例如种群规模、突变步长、突变频率、交叉位置、交叉频率等。一般而言，策略参数的选取对进化算法的性能有着直接的影响。因此，人们希望策略参数和目标参数在进化的过程中可以同时得到优化，这就是"自适应"的由来。

ES 可简单描述如下：

（1）确定问题：寻找 n 维实值向量 x，使函数 $f(x)$ 取极值。

（2）初始化种群：在各维的可行范围内，一般依据均匀分布随机选择父向量 $x_i(i=1, 2, \cdots, n)$ 作为初始群体。

（3）进化：对父向量的每个分量增加一个均值为 0 和预先选择标准差的高斯随机变量来产生子代向量 x_i'。

(4) 选择：对 $f(x_i')$ ($i=1$，2，$\cdots$，n)排序，选择和决定保留哪些向量作为下一代的父代。

(5) 终止：重复进化和选择，直到找到符合条件的答案。

ES 的实现形式有如下 3 种。

1. (1+1)-ES

原始的 ES 被称为(1+1)-ES，原因在于只考虑单个个体的进化，没有体现群体的作用，具有明显的局限性。每次迭代由 1 个父代个体进化到 1 个子代个体，并且进化操作只有随机突变一种方式，即利用随机变量修正旧个体。突变方式与进化规划是相似的。

在每次迭代中，对旧个体进行突变得到新个体后，计算新个体的适应度。如果新个体的适应度优于旧个体的适应度，则用新个体代替旧个体，否则不替换。

当把这种算法用于函数优化时，有两个缺点：各维取固定常数的标准差导致程序收敛到最优解的速度很慢，点到点搜索的脆弱本质使得程序在局部极值附近容易受停滞的影响。

2. (μ+1)-ES

随后提出的(μ+1)-ES 进行了改进，不是在单个个体上进化，而是在 μ 个个体上进化，但每次进化所获得的新个体数仍然为 1。同时增加了重组算子，用于从两个个体中组合出新个体。

在重组所获得的新个体上再执行突变操作。最后将突变后的个体与 μ 个父代个体中的最差个体进行比较，如果优于该最差个体，则取代它；否则重新执行重组和突变，产生另一个新个体。

尽管(μ+1)-ES 没有得到广泛应用，但这是第一个基于种群的 ES，常用于多处理机下的异步并行计算，并引入了交叉算子，把变异步长以内的参数（策略参数）形式作为个体基因的部分参与进化。

3. (μ+λ)-ES 与 (μ, λ)-ES

(μ+λ)-ES 与 (μ, λ)-ES 都在 μ 个父代个体上执行重组和变异，产生 λ 个新个体。二者区别仅在于子代群体的选择上，其中，(μ+λ)-ES 从 μ 个父代个体和 λ 个新个体的并集中再选择 μ 个子代个体；(μ, λ)-ES 只在 $\lambda(>\mu)$ 个新个体中选择 μ 个子代个体。

1.1.3 进化规划

1966 年，美国的 L. J. Fogel 等人[17]在研究人工智能的过程中，为求解预测问题而提出了一种有限状态机进化模型——进化规划（EP）。他认为，智能计算要具有两方面的能力，一方面是预测能力，另一方面是在一定目标指导下对环境做出合理响应的能力。他提出的思想与 GA 有很多相似之处，但 GA 更加注重父代与子代在遗传细节上的联系，而 EP 的侧重点在于父代与子代的表现行为上的进步。在这个进化模型中，这些机器的状态变换表通过在对应的离散、有界集上基于均匀随机分布的规律来修改。EP 根据被正确预测的符号数来度量适应值。通过变异，父辈群体中的每个机器产生一个子代，父辈和子代中最好的那一半被选择而生存下来。1995 年，L. J. Fogel 与其儿子 D. B. Fogel[18]在更进一步研究后，将 EP 拓展到求解实数空间中的优化问题，并在其变异操作中引入正态分布随机数，从而使 EP 成为一种全局优化搜索方法，并用于人工神经网络的结构学习，并在旅行商问题（Traveling Salesman Problem，TSP）中取得了比较成功的应用。个体的表示同 ES，不同之处在于 EP 不用杂交算子，变异与选择方式也与 ES 不同。候选解的变异仍按式（1-2）进行，但标准差为：

$$\sigma'_j = \sqrt{\beta_j \cdot F(x) + \gamma_j} \qquad (1\text{-}3)$$

式中，$F(x)$ 为适应度函数，β_j、γ_j 为特定参数，一般取为 1 和 0。从式（1-3）可以看出，EP 的标准差是根据适应度函数的大小来调整的。

EP 模拟生物种群层次上的进化，在进化过程中主要强调生物种群行为上的联系，即强调种群层次上的行为进化而建立父、子代间的行为链，这意味着好的子代才有资格生存，而无论其父代如何，这样做适于选择子代。

EP 算法的选择策略采用的是 q 竞争机制，这也是与 ES 算法最大的不同，q 竞争可以在选择优质解的同时，以一定的随机概率接受少数较差的解。将 n 个父代进化的 n 个子代放在一起，从中随机选择不重复的 q 个个体组成一个组，然后依次对 $2n$ 个个体与随机挑选出的群组的每个成员进行比较，相比为优的话，则对应的个体的分数加 1，最后对分数进行排序，选择分数最高的 n 个个体。

EP 对环境的适应性很强，对于很多不同的优化问题基本都能收敛至较为优秀的解。EP 主要有以下几个有别于其他进化计算的显著优点。

（1）GA 和 ES 都有染色体的重组操作，GA 以重组为主要的搜索方法，更加注重个体的成长，而 EP 以变异作为唯一的搜索方法。众所周知，变异具有更强大的"勘探"能力，相对来说，EP 更加注重整个群体的进化，与自然界中优胜劣汰的过程相对应。

（2）GA 采取二进制编码，而 EP 采用实数编码，每个个体即代表待优化的一个解，省去了从二进制到十进制的译码过程，不会导致编码位上小的变化却给解带来很大的改变的情况。

（3）EP 采用 q 竞争选择法，如果 q 选得比较小，则种群多样性比较好，但较差个体以较大概率进入下一代，可能导致收敛速度变慢；而若 q 选取过大，就成了确定性选择，较优个体全部进入下一代；若 q 选择得当，则既能兼顾种群多样性又能控制好收敛速度。

和其他进化算法一样，EP 存在易陷入局部极值、早熟收敛的缺点。因为虽然 EP 比较注重种群的整体生长，与生物优胜劣汰的竞争原则大致符合，但是适应值较大的优势个体以较大的概率进入下一次迭代，而适应度值较小的个体迅速减少，这样一来，随着迭代进化的发展，种群中的个体大多数都是适应值较大的优势个体，如果这个过程处理不当，可能导致个体之间近亲繁殖使种群丧失多样性，如此将使后面的迭代意义不大，浪费计算量，也使搜索陷入局部优化。

若要增强种群多样性，可以增大种群大小，使个体尽可能地分散在可行域内，但加大种群无疑会付出计算量和算法运行时间成倍增加的代价；也可以增加变异幅度，使个体得以跳出局部极值点，但变异幅度增加会产生大量非法解，或者在迭代后期收敛速度变慢乃至于不收敛；还可以减小竞争选择法则中 q 的大小来保持种群多样性，但这样一来，每次迭代后，进入下一次迭代的优势个体较少，不能很好地指引种群成长，收敛速度就会相应减慢。

1.1.4 遗传编程

实际上，把 GA 和计算机程序结合起来的思想早已出现，Holland 把产生式语言和 GA 结合起来实现分类系统，还有一些 GA 应用领域的研究者将类似于 GA 的遗传操作应用于树型结构的程序上。1985 年，N. L. Cramer 首先提出将 GA 应用于树型程序，一些重要的概念如程序的树型结构、终止要求、子树交叉等被提出[19]。1989 年，Stanford 大学的 J. R. Koza 创造性地提出了基于自然选择原则用层次化的计算机程序来表达问题的遗传程序设计方法。1992 年，Koza 出版了专著《遗传编程：论采用自然选择方法的计算机编程》[20]；1994 年，Koza 又出版了《遗传程序设计（第二册）：可重用程序的自动发现》[21]，深化了遗传程序设计的研究，程序设计自动化展开了新局面。自 20 世纪 90 年代以来，Koza 利用 1000 台 350MHz 的 PC 自动进化出 30 多项模拟电子电路专利。这些能自动设计出具有专利水平的设计成果的基于 GP 的"自动发明机器"成为了新一代计算智能的代表。2000 年，Koza 进化出了超越传统控制器的新型控制器。2004 年国际遗传与进化计算国际会议颁发了首届全球挑战人类设计锦标赛，获奖成果包括利用遗传编程（GP）实现的量子电路设计，美国国家航空航天局进化出的性能优异、外形奇特的天线，康奈尔大学 Lipson 进化出的机构设计史上的一个难题——实现直线运动的连杆机构，美国著名的喷气推进实验室进化出的特殊的电子电路。

GP 又称基因编程，是借鉴生物界的自然选择和遗传机制，利用 GA 的进化原理来自动进化出计算机程序的全局优化搜索算法。GP 常采用树型结构来表示计算机程序，从而解决问题。对于许多问题，包括人工智能和机器学习上的问题都可看作需要发现一个计算机程序，即对特定输入产生特定输出的程序，形式化为程序归纳，那么 GP 提供了实现程序归纳的方法。

GP 是一种从生物进化过程得到灵感的自动化生成和选择计算机程序来完成用户定义的任务的技术。从理论上讲，人类只需要告诉计算机"需要完成什么"，而不用告诉它"如何去完成"，最终可能实现真正意义上的人工智能：自动化的发明机器。GP 是一种特殊的利用进化算法的机器学习技术，它开始于一群由随机生成的千百万个计算机程序组成的"人群"，然后根据一个程序完成给定的任务的能力来确定某个程序的适合度，应用达尔文的自然选择（适者生存）确定胜出的程序，计算机程序间也模拟两性组合、变异、基因复制、基因删除等代代进化，直到达到预先确定的某个中止条件为止。

GP 在程序运行过程中会产生适用于给定问题的初始群体，然后不断地进化，进化过程类似于自然界的生物进化，最终寻找到用户问题的最优解。在 GP 运行时，要提前确定解决用户问题时所有可能需要的集合，如函数集和终止符集。函数集可以是算术运算符（+、-、×、/等）、数学函数（sin、cos、exp、tan等）、布尔运算符（AND、OR、NOT等）、条件表达式（if-then-else）等，还可以是程序中的子程序及其他可定义的函数。终止符集含有与问题相适应的变量、随机常数等，如终止符集 $T=\{p, x\}$，其中 p 为随机数，x 为输入变量。最终程序可通过集合来随机生成初始群体，然后确定适应度标准，以此来评价程序解决问题的能力，类似于自然界中的适者生存。在进化过程中，个体可进行复制及交叉等遗传操作，与自然界的进化相似，也有可能产生变异的个体。适应度值较低的个体消亡，适应度值较高的个体经过许多代进化，就会有用户所需的解产生。但 GP 并不能保证每次运行都能求得问题的解，须对参数的设置进行多次实验，可以说 GP 算法所得结果与实验过程有着紧密的联系。同时，其自组织性保证它能根据所给数据产生结构复杂、高精度的函数模型。

函数集中的元素代表解决问题的基本方法，而终止符集中的元素代表问题的基本要素，一个合适的函数集和终止符集将会对寻找最优个体的过程起到积极的作用，因此我们在选取函数集和终止符集的时候，通常遵循以下原则：首先，函数集和终止符集的选择要满足充分性和有效性，即函数集和终止符集要能充分表达问题，并且只能产生语法正确的个体；其次，函数要具有在终止符集上的封闭化，即函数集中的任何函数的返回值仍应属于终止符集，这样能够保证最终得到的是可取的解；最后，函数集中的函数个数不能过多，以免在寻优过程中因搜索空间太大而降低寻优效率。

GP 简单通用、稳健性强，并且对非线性复杂问题显示出很强的求解能力，因而被成功地应用于许多不同的领域。理论上，凡是根据多个输入值而得到一个值的函数，如：对于 $f(x_1, x_2, \cdots, x_n)$ 这样的函数都可以使用 GP 来生成。当对于逻辑上比较简单的程序，直接可以手工编写，而没有必要用 GP 来产生，但对于一些逻辑上比较复杂的程序则可以用它来自动进化生成一个程序[22]。

例如，对于有较多控制响应的 Agent，产生其控制程序是非常困难的，它们往往根据多个外界刺激而产生相应的决策（动作），这类程序就可以用 GP 来生成。

GP 在具体实现上，有如下特点：

（1）GP 求解的是一个描述问题的程序（或者说是一个算法）。

（2）GP 通常用树型结构来表示，描述相对复杂。

（3）GP 的每一代的个体的长度（深度）一般是不同的，即使在同一代中，个体的长度（深度）也是不同的。

（4）GP 所消耗的资源是不可控的，需要消耗大量的内存空间，因而每一代的进化都比较慢。

1.1.5 差分进化算法

1997 年，为了求解切比雪夫多项式的拟合问题，R. M. Storn 等人[23]提出了主要用于求解实数优化问题的差分进化算法（DEA）。DEA 作为一种基于群体导向的自适应启发式全局随机搜索技术，包括初始化、变异、交叉及选择等操作；与其他优化算法的不同在于，DEA 的进化个体扰动是通过多个个体的差分信息来体现的。

DEA 的基本思想：首先，采用浮点向量进行编码随机产生初始种群；其次，把种群中任意两个个体的向量求差生成差分向量，乘以缩放因子与第三个个体求和来产生实验个体；再次，对父代个体与相应的实验个体进行交叉操作，生成新的子代个体；最后，在父代个体和子代个体之间进行选择操作，将符合要求的个体保存到下一代群体中去；通过不断地进化，保留优良个体，淘汰劣质个体,引导搜索向最优解逼近。

DEA 主要的控制参数包括种群规模、交叉概率和缩放因子。

种群规模主要反映算法中种群信息量的大小,种群规模值越大,种群信息越丰富,但是带来的后果就是计算量变大,不利于求解。反之,使种群多样性受到限制,不利于算法求得全局最优解,甚至会导致搜索停滞。

交叉概率主要反映的是在交叉的过程中,子代与父代、中间变异体之间交换信息量的大小程度。交叉概率的值越大,信息量交换的程度越大。反之,如果交叉概率的值偏小,将会使种群的多样性快速减小,不利于全局寻优。

相对于交叉概率,缩放因子对算法性能的影响更大,缩放因子主要影响算法的全局寻优能力。缩放因子越小,算法对局部的搜索能力更好,缩放因子越大,算法越能跳出局部极小点,但是收敛速度会变慢。此外,缩放因子还影响种群的多样性。

差分进化的核心和关键是变异操作指导算法向全局最优处靠拢。变异向量由种群中的个体与其他不同个体的向量缩放差共同构成,主要分为基向量和差分向量两部分,根据生成变异向量的不同方法能够得到多种变异策略。DE/x/y 是一种简易的表达变异策略的方式,其中 x 表示指定基向量的方式,rand 表示基向量为种群中随机选取的一个向量,best 表示基向量为种群适应度值最低的向量;y 代表变异策略中差分向量的数目,一般为 1 个或 2 个。在种群规模 n 足够大的情况下,使用两个差分向量可以增加种群的多样性。

最常用的变异策略如下:

(1) DE/rand/1

$$V_{i,g} = X_{r_1^i,g} + F \cdot \left(X_{r_2^i,g} - X_{r_3^i,g} \right)$$

(2) DE/rand/2

$$V_{i,g} = X_{r_1^i,g} + F \cdot \left(X_{r_2^i,g} - X_{r_3^i,g}\right) + F \cdot \left(X_{r_4^i,g} - X_{r_5^i,g}\right)$$

(3) DE/best/1

$$V_{i,g} = X_{\text{best},g} + F \cdot \left(X_{r_1^i,g} - X_{r_2^i,g}\right)$$

(4) DE/best/2

$$V_{i,g} = X_{\text{best},g} + F \cdot \left(X_{r_1^i,g} - X_{r_2^i,g}\right) + F \cdot \left(X_{r_3^i,g} - X_{r_4^i,g}\right)$$

(5) DE/rand-to-best/1

$$V_{i,g} = X_{i,g} + K \cdot \left(X_{\text{best},g} - X_{i,g}\right) + F \cdot \left(X_{r_1^i,g} - X_{r_2^i,g}\right)$$

(6) DE/rand-to-best/2

$$V_{i,g} = X_{i,g} + K \cdot \left(X_{\text{best},g} - X_{i,g}\right) + F \cdot \left(X_{r_1^i,g} - X_{r_2^i,g} + X_{r_3^i,g} - X_{r_4^i,g}\right)$$

(7) DE/current-to-rand/1

$$V_{i,g} = X_{i,g} + K \cdot \left(X_{r_1^i,g} - X_{i,g}\right) + F \cdot \left(X_{r_2^i,g} - X_{r_3^i,g}\right)$$

其中，$r_1^i, r_2^i, r_3^i, r_4^i, r_5^i$ 是随机整数，彼此互不相同并且不同于 i，范围为 $[1, n]$。缩放因子 F 是控制种群发展速度的一个正实数，F 没有上限，但是其最大值很少大于 1。$X_{\text{best},g}$ 为第 g 代种群中适应度值最小的个体。K 为（0，1）之间的随机数。

为了增加变异向量的多样性，实施交叉策略，将变异向量与目标向量进行交叉混合，得到试验向量。交叉概率参数用于控制试验向量由变异向量的元素组成的概率，这个值由用户自己定义，范围一般为 $[0, 1]$。交叉方式主要有两种，分别是二项交叉和指数交叉。

差分进化算法具有如下优点。

（1）结构简单：DEA 采用浮点编码，控制参数少，主要的进化操作是差分变异策略，这使得向量间只存在简单的加减运算，让算法更加易于使用。

（2）性能优越：DEA 具有较高的稳定性、较强的稳健性和较快的工作效率，在解决复杂的优化问题时也有不错的表现。

（3）自适应性：DEA 对问题的特征信息不敏感，差分变异算子拥有搜索方向自适应的能力，能够动态地调整参数以适应不同的目标函数。

（4）"贪婪"选择策略：DEA 在进化的最后一步执行选择策略，采用"贪婪"选择的方式选取进入下一代的个体，该方法大大提高了算法的搜索效率。

（5）时间复杂度低：基本的 DEA 的时间复杂度为 $O(n \cdot m \cdot Gmax)$，其中，m 表示个体维数，Gmax 表示最大进化代数。较低的时间复杂度使得 DE 算法具有求解大规模全局优化问题的优势。

虽然 DE 算法具有许多算法没有的优势，但也无法完全避免智能进化算法普遍存在的不足。

（1）停滞：以种群为基础的算法，迭代很少的次数就收敛到了一个次优解，而种群的多样性仍然很高，这是由于种群在一定的时间内没有改善，使算法无法寻找到新的搜索空间以确定最优解。诱发停滞的因素有很多，其中最主要的因素是控制参数和决策空间维数的错误选择。

（2）早熟收敛：一些高等级的个体特性占种群的主导地位，种群无法产生比父代更好的子代，从而导致种群收敛到了局部最优。

（3）对控制参数敏感：算法的有效性和稳健性依赖于参数值的选择，最佳的参数值确定还与目标函数及收敛精度有关。

(4)缺乏处理约束问题的机制：在实际的优化过程中经常遇到 DEA 无法很好地解决约束优化问题的情况。

为了解决基本 DEA 的上述缺陷，目前主要的改进方法是针对种群结构、进化模式和控制参数的优化，还有一些改进方法是将 DE 算法与其他一些智能算法结合使用[24,25]。

1.2 云进化计算综述

云模型具有良好的不确定性建模与处理能力。在云模型 C(Ex，En，He)中，Ex 可以代表父代个体遗传的优良特征，是子代对父代的继承，En 和 He 可以表示继承过程的不确定性和模糊性，表现了物种进化过程中的变异特征。用正向云算子可以完成概念空间到数值空间的转换，在三个参数的控制下产生子代种群，完成遗传操作。一方面，这种转换是确定和精确的，因为数值空间的每个云滴都是定性概念的一次量化实现，都在一定程度上是该定性概念的代表；另一方面，这种转换又是随机和模糊的，每次变换得到不同的云滴集合，而且同一定性概念可用云滴集合中的任何一个代表，不同的云滴代表该概念的确定程度不同。

2002 年，戴卫恒等人[26]首次提出将云模型应用于进化计算领域。之后，很多学者提出各种新颖的基于云模型的进化算法，以及应用云模型改进遗传算法、进化规划、进化策略、蚁群算法、粒子群算法、量子进化算法、差分进化算法、人工蜂群算法、人工鱼群算法、模拟退火算法、蛙跳算法、果蝇优化算法等智能优化算法。

1.2.1 云进化算法

张光卫等人[27,28]基于云模型在定性概念与其定量数值表示的转换过程中的优良特性，结合进化计算的基本思想，提出了一种基于云模型的进化算法。该算法利用云模型对物种的遗传变异进化统一建模，能够自适应地控制遗传变异的程度和搜索空间的范围，从而快速收敛到最优解，较好地避免了传统遗传算法易陷入局部最优解和选择压力过大造成的早熟收敛等问题。刘禹等人[29]则利用云模型在超熵变大时体现出雾化特性，但是靠近概念核心的云滴能够保持数量优势这一特征来控制进化过程中的求精和求变操作。同时，在进化算法中通过采用基于超熵变化的进化控制策略来调整选择压力，决定进化方向，并通过实验证明云进化算法的可执行性。

赵志强等人[30]提出了基于云学习算子的自学习进化算法，仿真实验表明，该算法具有精度高、收敛速度快等优点，能在很大程度上解决现存进化算法的低效问题。Ying Gao[31]受云模型理论启发提出一种新的优化算法，该算法使用优化过程中获得的信息建立云模型表示的解区间，不断地进化以求得最优解。马文辉等人[32]提出了一种基于云模型的简单、有效的移动机器人避障路径规划算法，采用一维云算子进化变异，同时变异和突变均利用了历史搜索结果，有效避免了遗传算法的缺点。戴丽金[33]利用了云模型在定性知识表示和定性定量转化中的优良特性，以及在进化计算领域应用中的优越性来自动生成软件测试数据。根据测试数据自动生成的要求，把基于云模型的进化算法应用到软件测试数据自动生成中，选择并构造了合适的适应值函数，实现了测试数据的自动生成。

陈俊风[34]基于云模型的特征，结合计算智能方法的基本原理，提出了一种用于复杂问题自适应优化的云滴算法。该算法采用多维逆向云模型建立解集的特征参数，并根据是否出现当代精英和跨代精英自适应调整参数，再通过多维正向云模型产生新一代解集。云滴算法具有表示、再现和挖掘待优化问题的不确定知识的特点，无须预先设置其搜索策略和参数，并且不论解集处于何种初始状态，整个系统能自适应地进行演化。然后借助于随机过程理论，在传统的 Markov 链分析中运用鞅理论，证明了云滴算法在一定条件下几乎肯定强收敛。

乔英等人[35]为增强多目标分布估计算法的局部搜索能力，将云模型引入多目标分布估计算法中，提出了一种多目标云分布估计算法。该算法一方面利用分布估计的采样操作对进化种群进行搜索，另一方面利用云滴具有随机性、稳定倾向性等特点，进行外部档案搜索，实现群体间信息交换，从而提高多目标分布估计算法的全局搜索能力。

许波等人[36]在多目标进化算法的基础上，提出了一种基于云模型的多目标进化算法。算法设计了一种新的变异算子来自适应地调整变异概率，使得算法具有良好的局部搜索能力。算法采用小生境技术，其半径按 X 条件云发生器非线性动态地调整以便于保持解的多样性，同时，动态计算个体的拥挤距离并采用云模型参数来估计个体的拥挤度，逐个删除种群中超出的非劣解以保持解的分布性。许波等人[37]提出了一种基于云模型的改进非支配排序算法（Non-dominated Sorting Genetic Algorithm Ⅱ，NSGA-Ⅱ），利用正态云模型云滴的随机性和稳定倾向性特点，分别对交叉、变异、拥挤距离算子进行改进，使算法既具有传统的趋势性和快速寻优能力，又具有随机性，在提高收敛速度与保持种群多样性之间做了很好的权衡。通过求解多目标背包问题，对该算法的多目标优化性能进行了考察，并与 NSGA-Ⅱ算法进行了比较，结果表明该算法在整个解空间内能快速搜索到在前沿均匀分布的 Pareto 最优解。

马占春等人[38]针对进化算法在机器人路径规划中局部收敛和收敛速度慢的缺点，结合云模型的优良特性，采用正态云算子在路径池中进行进化和变异，提出了基于云模型的路径规划算法。进化过程中出现跨代精英路径时说明靠近了较优路径，就可以缩小进化范围，同时还利用了往次进化过程中的优化结果，来保证最终结果的准确性。仿真实验证明，本算法不但提升了进化速度,同时提高了路径的可靠性。

彭建刚等人[39]采用多目标进化算法研究柔性作业车间调度问题,目标是最小化最大完工时间、机器总负荷和最大机器负荷 3 个性能指标。针对 NSGA-Ⅱ识别非支配个体较慢和个体比较次数较多的不足,设计了一种基于预排序的快速非支配排序算法,快速识别非支配个体并淘汰被支配个体,提高非支配解集的构造效率;结合柔性作业车间调度问题的特点和进化算法的性能,引入云模型进化策略,提出了一种基于非支配排序的云模型进化多目标柔性作业车间调度算法。运用云模型揭示模糊性和随机性的优良特性维护进化种群,提高非支配解分布的广度和均匀度。利用多指标加权灰靶决策模型选择最满意的调度方案。使用基准实例进行测试并比较测试结果,验证了算法的可行性和有效性;利用提出算法确定了生产实际最满意的调度方案。

标准基因表达式编程(Gene Expression Programming,GEP)算法在挖掘知识时采用恒定的变异和交叉率,没有考虑进化中个体适应度的变化,依然存在难以摆脱局部最优解和收敛速度的问题。为了解决这一问题,姜玥等人[40]提出了将 X 条件云模型应用到 GEP 算法。该算法在进化前期采用固定变异率和交叉率;一旦处于收敛状态时,根据个体的当前适应度,借助 X 条件云,动态调整其变异率和交叉率,以跳出早熟收敛。实验表明了算法的有效性。姜玥等人[41]进行了进一步的研究:① 提出了形式化尖 Γ 云模型、GEP 算法模式和适应度隶属度等概念;② 提出了新概念尖 Γ 云变异率和交叉率;③ 设计了尖 Γ 云调整算法(Cusp Gamma Cloudy Adjust Algorithm)和基于尖 Γ 云的 GEP(Gene Expression Programming Based on Cusp Gamma Cloud)算法,借助云模型的特点,动态改变变异率和交叉率;④ 实验表明,新算法改善了进化性能,平均适应度提高 7%,最高适应度提高 8%,平均进化代数下降 10%以上。

许春蕾等人[42,43]以在进化算法求解问题的过程中降低优化问题的相对求解难度为目标,提出了一种基于相似性理论的优化问题难度降低方法。以优化问题最优解为特征,对优化问题的弱相似性、最简优化问题、相似性进行定义,并构建基于云模型的相似性理论。在此基础上,将进化算法的搜索目的扩展为寻找优化问题的最简云模型,对原问题与对应最简云模型的相似性进行证明;提出相对求解难度的概念,分析相似性理论对问题求解难度的影响,建立最简云模型的求解方法,并用 3 个衡量优化问题求解难度的指标对不同问题进行难度测试。通过实验表明,将进化算法与优化问题难度降低方法相结合,可有效降低问题相对求解难度,并能提升进化算法的寻优性能。

1.2.2 云遗传算法

戴朝华等人[44-46]利用正态云模型的 Y 条件云发生器实现交叉操作,基于云发生器实现变异操作,由此形成了云遗传算法。

王慧[47]在标准 GA 的基础之上,将云模型引入了遗传变异中,保留了原有算法的全局优化能力,能够克服原有遗传算法的缺点,加快设计速度,拓宽设计思路,能够增强构件概念设计的创新性。

李鹤松等人[48]提出了一种基于云模型和遗传算法的分类算法,实验表明了该算法对连续属性数据集分类的有效性。

姚小强等人[49]针对图像相关匹配计算量大的问题,提出了基于云遗传算法的图像相关匹配方法。

吴涛等人[50]提出了一种改进的自适应遗传算法。该算法以自然语言为切入点,用云模型表达先验规则知识,通过云控制器调整遗传参数。函数优化实验表明,该算法能够较好地模拟迭代中参数的自适应调整过程,算法性能是可行有效的。

付学文[51]通过在遗传算法中引入正态云对云模型 3 个参数进行控制,自适应产生交叉、变异概率。在算法初期,采用较大的交叉、变异概率;算法后期，采用较小的交叉、变异概率，在最高适应度周围的个体交叉、变异概率并非绝对的零值或者指定最小值，从而使算法继续保持寻优能力。正态云具有稳定倾向性和随机性，使改进后的算法既保持了传统自适应遗传算法的趋势性，具有快速寻优能力，又具有随机性，提高了算法的局部搜索能力。

陈昊[52]从云模型中云滴的汇聚特性得到了启发，构建了一种云搜索机制来进行局部区域的搜索操作，提出了基于云模型的混合遗传算法来处理动态多峰问题。实验表明，该方法具有快速的环境适应能力和高精度的动态搜索能力。

传统云遗传算法在交叉及变异过程中，云模型控制参数取定值，这导致算法存在早熟及收敛速度慢的问题，韩勇等人[53]提出了一种改进的自适应云遗传算法。引入在线性与非线性间平滑过渡的自适应算子，使得控制参数根据种群适应度进行自适应调整，并通过性能分析证明了算法的正确性。仿真结果表明，通过与 GA 及云遗传算法的比较，新算法在收敛性能和搜索能力上都有很大的提高。

吴立锋[54]结合正态云模型云滴的随机性和稳定倾向性，由 X 条件云发生器产生自适应交叉概率和变异概率。函数优化实验结果表明，云遗传算法只需要较少的进化代数就可以收敛，收敛速度明显快于标准遗传算法。

Qin Song 等人[55]提出了基于云遗传算法的贝叶斯网络结构学习，通过借助云理论的随机性和稳定倾向性，避免了搜索陷入局部极值并能很快地定位全局极值。

海冉冉[56]在传统的遗传算法的基础之上引入云理论，由 X 条件发生器自适应调整交叉变异概率，由于云模型云滴具有随机性和稳定倾向性，使交叉变异概率既具有传统自适应遗传算法的趋势性，满足快速寻优，又具有随机性，当种群适应度最大时并非绝对的零值，有利于提高种群多样性，大大地改善了避免陷入局部最优的能力，并用模拟农夫捕鱼算法中的收缩搜索来对其进行改进，得到了改进的云自适应遗传算法。

郭凤鸣[57]优化了遗传算法策略，在云模型的基础上提出了云学习算子，结合云交叉算子和云变异算子，来控制种群的遗传进化。根据遗传算法和云模型的特点，提出了各算子的自适应策略，主要是通过云模型的3个控制参数来反馈控制算子的变化。算法实现的策略是：云算子实现了在进化前期使用较大的交叉、变异、学习算子来获取较快的收敛速度，当种群基本稳定之后，用较小的算子，适当地扩大寻优范围，来获得较优个体。因为算法是基于云模型的，保证了遗传进化的稳定倾向性和随机性，加快了算法的收敛速度。然后利用经典测试函数对算法进行测试，检验算法的效率。其次，提高算法的寻优能力，增强寻优的记忆性。在实现遗传算法进化策略的基础上，进一步提出平凡和非平凡进化的概念，执行全局优化策略。在进化过程中，通过 Y 条件云发生器代替交叉过程、正态云发生器代替变异运算，对种群进行更新。这种算法克服了先前遗传算法的无记忆性的特点，可以跳出局部最优，实现全局最优化；该算法继承了云模型的稳定倾向性和随机性的特点，不仅保持了种群的多样性，还避免了陷入早熟，又较好地保护了较优个体，较大程度上克服了传统遗传算法局部搜索能力差、无记忆性和收敛速度缓慢的不足。

石兵[58]以云模型为基础，设计了粒编码、粒编码个体的表现形式及其评价方法，并针对数值优化问题形成了基于粒编码方式的粒编码遗传算法。

沈佳杰[59]提出了混沌混合遗传算法用于贝叶斯结构的学习。该算法融合了遗传算法和粒子群算法，并采用云模型自适应地调整惯性权重，加快收敛，增加种群多样性，并优化种群的初始化。除此之外，利用混沌的遍历性，实现在约束条件下对所有的结构进行均匀搜索，提取初始的网络种群,进行混沌搜索,避免局部最优,最后通过实验证明了该算法的有效性和高效性。

姜明佐[60]利用云模型的随机性和模糊性,对遗传算法的几个环节进行了改进,以克服早熟收敛现象。姜明佐等人[61]针对传统遗传算法存在的早熟收敛现象,提出了一种基于云控制的混沌多种群自适应遗传算法。该算法兼顾全局性和个体差异性两个方面,通过云控制器实现交叉率和变异率的自适应调节。在种群正常进化时,对个体实行惩强扶弱措施,在发生早熟收敛或有早熟收敛趋势时,对劣质个体实行灾变,同时采用多种群优化机制实现种群之间的同步进化。实验结果表明,与标准遗传算法和自适应遗传算法相比,该算法能够有效地避免早熟收敛问题,具有较高的收敛效率。

赵芳芳[62]提出了一种改进算法——混沌云克隆选择算法,其基本思想是:利用混沌序列初始化种群,提高初始种群的质量,以提高算法的求解精度;在算法进化的过程中融入基于云模型的变异算子,改善种群多样性,防止陷入局部最优解。

鲍泽阳[63]将云理论引入自适应遗传算法中,并运用 X 条件云发生器改进交叉率和变异率调节公式,构造出一种基于云理论的自适应遗传算法。云模型中云滴的随机性和倾向性使得交叉率和变异率既具有传统遗传算法的趋势性,可以满足快速寻优能力,又具有一定的随机性。当个体适应度为一个确定值时,该个体的交叉率和变异率并不是一个固定的数值,而是服从特定分布的随机值,这样既可以避免算法陷入局部最优解,又可以提高种群多样性。将云自适应遗传算法运用于无人机路径规划中,得到在不完全已知环境下的无人机路径规划结果,仿真结果表明,在无人机路径规划应用中,云自适应遗传算法比现有的线性和非线性自适应遗传算法更有效。

1.2.3 云进化规划

2002年,戴卫恒等人[26]首次提出将云模型和进化计算结合起来,引入进化规划框架,保留了进化规划算法的全局优化能力,同时大幅度提高了算法的计算速度。进化规划只有变异操作,没有交叉操作,变异操作的效率对于提高算法的速度和精度有重要的意义。在传统进化规划算法中,进化规划的变异操作具有完全的随机性,这虽然有利于避免局部极值,但却导致较大的计算量。基于云模型的知识挖掘技术主要用于发现规则,然后利用发现的规则指导变异操作过程,提高变异操作的效率,进而加快进化规划算法的速度,并且计算效果没有明显下降。通过知识挖掘技术的引入,进化规划算法有了初步的智能特性。该算法应用于视频编码的运动估计实验中,结果表明算法有良好的计算速度和计算精确性。

在进化规划中,变异只通过一个标准正态分布的变异算子实现,这使得变异操作缺乏灵活性,降低了算法的效率。通过引入云模型,获得在每次竞争中优胜群体的数字特征,然后根据所获得的数字特征,通过云发生器产生参加竞争的下一代。下面给出文献[26]中算法的基本框架。

1. 定义问题

将问题定义在 n 维实数值空间中寻找最优的问题。不失一般性地,考虑函数最小化问题,即寻找 n 维向量 X 使目标优化函数 $F(X)$:$R^n \rightarrow R$ 最小。

2. 初始化

利用某个区域上的均匀分布产生一组初始父辈群体,记为 X_i, $i=1, \cdots, p$。

3. 竞争

计算每个初始值的相应的适应值 f_i,并且按适应值大小排序。

4. 选择

根据排序结果，选择 p 个具有最高得分的个体作为下一代的父辈群体。

5. 规则挖掘

利用逆向云发生器获得优胜群体的数字特征。

6. 变异

根据获得的云模型数字特征，利用云发生器产生子代，其中，所产生的子代与竞争获胜的父代共同参加下一次的竞争。

7. 判断

如未达到预设的迭代次数，循环至第3步，否则，输出最优解。

1.2.4 云进化策略

为了从传统进化策略的角度分析并改进云进化策略，何振峰等人[64]研究了云分布的峰度统计量及其应用。云分布在固定标准差时，也可通过调整峰度来改变噪声形状，可能产生更有效的变异。推导云分布峰度计算公式，以支持熵-超熵空间和标准差-峰度空间的相互转换。比较峰度和峰比对云分布噪声的影响，证明峰度更适宜自适应演化。给出峰度驱动的云进化策略，它的参数演化结合基于 1/5 规则的标准差演化和自适应峰度演化。对 8 个测试函数的实验结果显示，高峰度利于全局寻优，低峰度利于局部寻优，而峰度的自适应调整可综合二者优势。

乔帅等人[65,66]针对协方差矩阵自适应进化策略（Covariance Matrix Adaptive Evolution Strategy，CMA-ES）在求解某些问题时存在早熟收敛、精度不高等缺点，通过利用云模型良好的不确定性问题处理能力对 CMA-ES 的步长控制过程进行改进，得到一种基于云推理的改进 CMA-ES。该算法通过建立步长控制的云推理模型，采用云模型的不确定性推理来实现步长的控制，避免了原算法采用确定的函数映射进行步长伸缩变化而忽视进化过程中不确定性的不足。最后通过测试函数验证了改进算法具有较高的寻优性能。

结合进化策略的基本原理，文献[67,68]中提出了一种基于云模型的进化策略（Cloud Evolutionary Strategies，CES），将在本书第4章具体介绍。

1.2.5 云蚁群算法

1991年，蚁群算法（Ant Colony Optimization Algorithm，ACOA）是由意大利学者 M. Dorigo 等人首先提出来的，用于求解旅行商问题、分配及调度等一系列组合优化问题。蚂蚁在觅食的过程中，单个蚂蚁的行为比较简单，但是蚁群整体却可以体现一些智能的行为。例如，蚁群可以在不同的环境下，寻找最短到达食物源的路径。这是因为蚁群内的蚂蚁可以通过某种信息机制实现信息的传递。蚂蚁会在其经过的路径上释放一种称为"信息素"的物质，蚁群内的蚂蚁对"信息素"具有感知能力，它们会沿着"信息素"浓度较高的路径行走，每只路过的蚂蚁都会在路上留下"信息素"，这就形成了一种类似正反馈的机制，这样经过一段时间后，整个蚁群就会沿着最短路径到达食物源了。将蚁群算法应用于解决优化问题的基本思路为：用蚂蚁的行走路径表示待优化问题的可行解，整个蚂蚁群体的所有路径构成待优化问题的解空间。路径较短的蚂蚁释放的信息素量较多，随着时间的推进，较短的路径上累积的信息素浓度逐渐增高，选择该路径的蚂蚁个数也越来越多。最终，整个蚁群会在正反馈的作用下集中到最佳的路径上，此时对应的便是待优化问题的最优解。蚂蚁找到最短路径要归功于信息素和环境，假设有两条路可从蚁窝通向食物，开始时两条路上的蚂蚁数量差不多；当蚂蚁到达终点之后会立即返回，距离短的路上的蚂蚁往返一次时间短，重复频率快，在单位时间里往返蚂蚁的数目就多，留下的信息素也多，会吸引更多蚂蚁过来，留下更多信息素；而距离长的路径正好相反，因此越来越多的蚂蚁聚集到最短路径上来。

蚂蚁具有的智能行为得益于其简单的行为规则，该规则让其具有多样性和正反馈。在觅食时，多样性使蚂蚁不会走进死胡同而无限循环，是一种创新能力；正反馈使优良信息保存下来，是一种学习强化能力。两者的巧妙结合使智能行为涌现，如果多样性过剩，系统过于活跃，会导致过多的随机运动，陷入混沌状态；如果多样性不够，正反馈过强，会导致僵化，当环境变化时蚁群不能相应调整。

蚁群算法具有以下几个特点：

（1）采用正反馈机制，使得搜索过程不断收敛，最终逼近最优解。

（2）每个个体可以通过释放信息素来改变周围的环境，且每个个体能够感知周围环境的实时变化，个体间通过环境进行间接通信。

（3）搜索过程采用分布式计算方式，多个个体同时进行并行计算，大大提高了算法的计算能力和运行效率。

（4）启发式的概率搜索方式不容易陷入局部最优解，易于寻找到全局最优解。

虽然蚁群算法得到了广泛的应用，但仍然存在易陷入早熟停滞和控制参数难以确定等不足，其中的关键问题是如何在"探索"和"开发"之间建立一个平衡。

段海滨等人[69,70]提出了一种采用云模型理论改进基本蚁群算法的新思路，以语言值为基础构成关联规则，从而实现定性知识的表达。其改进策略明确、直观，不需要烦琐的推理计算，具有良好的可操作性。实例仿真证明了这种新理论对蚁群算法全局优化性能改善的可行性，可以使该算法优化速度获得一定程度的提高，有效地克服了基本蚁群算法收敛速度慢、易限于局部最优解的缺陷。

牟峰等人[71,72]为了充分发挥蚁群算法和遗传算法这两种算法在寻优过程中的优势，提出了一种基于正态云关联规则的自适应参数调节蚁群遗传算法。该算法利用云关联规则实现了蚁群策略和遗传策略的有效融合，在极大程度上发挥了其整体功能，动态地平衡了算法收敛速度和搜索范围之间的矛盾。

张煜东等人[73]首先采用云模型来自适应地控制蚂蚁的随机性；其次缩小了后继城市的搜索范围；最后引入 2-opt 局部搜索策略。对城市规模从 50～1000 的 TSP 进行仿真，并与先前提出的改进蚁群算法进行对比，结果表明，该算法不仅偏离率更小，而且运行时间短。随着城市规模的增大，优势更明显。张煜东等人[74]还提出了一种求解 TSP 的算法，采用"问题无关的进化算法与问题相关的局部搜索相结合"的策略。采用基于云模型的蚁群算法来产生足够好的解；改进传统的 Lin-Kernighan（LK）算法，新加入 5 种搜索删除集与添加集元素的准则，以此细化搜索。将该算法用于求解 TSPLIB 中不同类型、城市数从 48～33 810 内变化的 TSP，比较该学派与其他学派算法的偏离率与运行时间，结果均显示该算法更优，有效求解了 TSPLIB 中的非对称 TSP、哈密尔顿圈问题。

马颖[75]针对蚁群算法寻优性能偏弱的问题，面向连续空间优化和 TSP 求解，提出了 3 种量子蚁群优化算法。通过对量子旋转门旋转角度和蚁群信息素的自适应控制，提高了算法在连续空间，特别是高维空间的性能；融合量子信息强度因素，重新定义了概率选择模型和信息素更新模型，加强了对控制参数的动态调整，大幅提高了算法在 TSP 求解中的性能；融合云模型到高斯核函数的采样过程，显著提高了量子扩展蚁群算法的收敛速度和全局搜索能力。在此基础上，将量子扩展蚁群算法与神经网络 BP 算法进行融合，可进一步提高神经网络对信号识别的正确率。

李絮等人[76]提出了一种基于云模型的模糊自适应蚁群算法,针对 TSP 问题进行了仿真实验对比,结果也表明基于云模型的蚁群算法要明显优于其他学者改进的两种蚁群算法,但实验问题的规模较小。

1.2.6 云粒子群算法

1995 年,J. Kennedy 等人提出了一种并行进化算法——粒子群算法,也称鸟群觅食(Particle Swarm Optimization,PSO)算法。PSO 算法也从随机解出发,通过迭代寻找最优解,通过适应度来评价解的品质,但比遗传算法规则更为简单,没有遗传算法的"交叉"和"变异"操作,它通过追随当前搜索到的最优值来寻找全局最优。这种算法以其实现容易、精度高、收敛快等优点引起了学术界的重视,并且在解决实际问题中展示了其优越性。

PSO 算法源于模拟鸟群的捕食行为。假设这样一个场景:一群鸟在随机搜索食物;在这个区域里只有一块食物;所有的鸟都不知道食物在哪里,但是它们知道当前的位置离食物还有多远。那么找到食物的最优策略是什么呢?最简单有效的方法就是搜寻目前离食物最近的鸟的周围区域。

在 PSO 算法中,优化问题的每个解都是搜索空间中的一只鸟,可称为"粒子"。所有的粒子都对应一个由被优化的函数决定的适应值,每个粒子还有一个速度决定它飞翔的方向和距离,然后粒子就追随当前的最优粒子在解空间中搜索。

PSO 算法初始化为一群随机粒子,然后通过迭代找到最优解。在每次迭代中,粒子通过跟踪两个"极值"来更新自己,一个极值就是粒子本身所找到的最优解,这个解叫作个体极值 pBest,另一个极值是整个种群目前找到的最优解,这个极值是全局极值 gBest。另外,也可以不用整个种群,而只用其中一部分作为粒子的邻居,那么在所有邻居中的极值就是局部极值。

毛恒[77]在粒子群优化算法中，采用云模型理论实现对惯性权重 w 的多规则不确定动态调整，对测试函数的测试结果表明，该方法收敛速度快，优化效果好。

韦杏琼等人[78]利用粒子的适应度并采用不同的惯性权重进化策略，提出了一种自适应云粒子群算法，从而有效解决了算法的局部最优和收敛速度过快的问题。

罗德相等人[79]提出了一种基于扩张变异方法的云自适应粒子群算法，该算法利用云模型 X 条件云发生器自适应调整每个粒子个体的惯性权值。采用扩张变异方法进行变异，可避免因多维、多变量引起多因素的干扰，加快搜索速度，其目的是进一步改进粒子群算法的性能，为解决高维空间优化问题提供一种有效方法。最后，以高维函数优化为实例，计算机仿真结果表明，给出的算法具有稳健性强、收敛速度快、精度高等特点。

简化 PSO 算法仍继承了基本 PSO 算法易陷入局部极值点的缺陷，而且其进化后期收敛速度和精度也有待进一步改善。基于此，郑春颖等人[80]提出了一种基于云理论的简化粒子群优化算法：对不再进化的个体，借鉴复形法的思想，尽可能地进化逃逸；而当种群进化停滞时，由基本云发生器对当前群体最优粒子实行变异操作。对几个经典测试函数进行实验的结果表明，该算法不仅能够有效摆脱局部极值点，而且收敛速度和精度也有极大提高。

邵岁锋[81]在系统分析了粒子群算法的基本理论和改进的一般原则基础上，结合云模型在非规范知识的定性、定量表示及其相互转换过程中的优良特性，提出了两种形式的云粒子群算法——完全云粒子群算法和云变异粒子群算法。该算法利用云模型对粒子的进化和变异进行统一建模，能够自适应地控制粒子的搜索范围，使算法快速收敛到最优解，并通过正态云算子实现粒子的变异操作，从而较好地避免了算法早熟收敛的问题。

张艳琼[82]为了提高基本 PSO 算法的搜索性能和个体寻优能力，加快收敛速度，提出了一种新的云自适应粒子群优化算法。

Xu Ganggang 等人[83]提出了云自适应梯度粒子群（Cloud Adaptive Gradient Particle Swarm Optimization，CAGPSO）算法，将粒子分成接近或远离最好的粒子两部分，应用 X 条件云发生器自适应地调整前一部分粒子的惯性权重，然后用梯度理论改进。以最小网络损耗为目标函数，在标准 IEEE14 和 IEEE30 节点系统中进行仿真。结果表明，CAGPSO 算法能够得到更好的全局最优解。

Zhang Junqi 等人[84]提出了一种自适应裸骨粒子群算法，云模型根据粒子群的演化状态，自适应地对每个粒子产生不同的高斯采样标准差，为不同目标函数的开发和探索提供了自适应的平衡。同时，云模型本身的随机性进一步增强了群体的多样性。实验结果表明，在 25 个单模态、基本多模态、扩展多模态和混合组合基准函数上，该算法的收敛速度更快，求解精度更高。同时，这也说明了云模型本身的随机性对多样性的增强作用。

刘衍民等人[85]为辨识非线性系统 Hammerstein 模型，将非线性系统的辨识问题转化为参数空间上的优化问题，提出了一种基于正态云模型的改进粒子群（Particle Swarm Optimization based on Normal Cloud，NCPSO）算法。该算法采用动态变异概率，对全局最优粒子和粒子自身最优位置进行正态云变异，以产生新的粒子引导种群的飞行，有效避免早熟收敛。采用一种广义学习策略，提升粒子向最优解飞行的概率，将 NCPSO 算法用于对 Hammerstein 模型的辨识，相比其他算法，该算法的辨识精度较高。

刘洪霞等人[86]基于云理论把粒子群分为 3 个种群，用云方法修改粒子群算法中的惯性权重，同时修改速度更新公式中"认知部分"和"社会部分"，引入"均值"的概念，提出了一种基于均值的云自适应粒子群算法。该方法的最大优点是克服了粒子群算法在迭代后期，当一些粒子的个体极值对应的适应度值与全局极值对应的适应度值相差明显时,不能收敛到最优解的缺点。数值实验结果表明,该算法经过较少的迭代次数就能找到最优解,且平均运算时间减少,降低了算法的平均时间代价。

张英杰等人[87]提出了一种云变异粒子群优化算法,通过正态云算子实现粒子的进化学习过程和变异操作,利用云模型对粒子的进化和变异进行统一建模,自适应地控制粒子的搜索范围。

段超[88]基于云模型的差分进化粒子群算法,引入云模型对混合算法中PSO部分的惯性权重进行改进,使PSO算法种群的粒子在迭代过程中能自动调整惯性权重的大小。

魏连锁等人[89]基于云模型理论的自适应参数策略,构造出一种改进的粒子群算法,并应用于机器人路径规划问题。

齐名军等人[90]利用云模型云滴的随机性和稳定倾向性,提出了一种云模型云滴机制量子粒子群优化算法,该算法在量子粒子群优化的基础上,由云模型的 X,Y 条件发生器产生杂交操作,由基本云发生器产生变异操作,用于求解具有变量边界约束的非线性复杂函数最优化问题。

徐克虎等人[91]针对粒子滤波器存在的粒子贫乏问题,提出了一种基于云模型改进的遗传重采样方法。选择相隔一定代数进行随机采样的方式,防止选择压力过大导致粒子贫化;利用 Y 云发生器实现变异操作,根据粒子的观测概率自适应控制搜索范围,在现有粒子的附近搜索精良粒子,在提高粒子有效性的同时增加了粒子的多样性。

张佩炯等人[92]针对基于云数字特征(期望值、熵值、超熵值)编码的云粒子群算法应用中优化效率低和局部寻优能力较差的问题,提出了两点改进措施:在解空间变换的基础上将局部搜索与全局搜索相结合,依据正态云算子实现粒子的进化学习过程和变异操作；将改进算法应用于多变量函数极值优化问题。仿真结果表明，该改进算法寻优代数小、收敛速度快、效率高，并且具有较好的种群多样性，验证了改进措施的有效性。

张朝龙等人[93]针对传感器的测量精度受温度影响较大的问题，提出了一种基于云粒子群-最小二乘支持向量机的温度补偿方法。云粒子群算法将云模型算法应用于粒子群优化算法的收敛机制，具有寻优精度高的特点。张朝龙等人[94]针对传统粒子群优化算法寻优精度不高和易陷入局部收敛区域的缺点，引入混沌算法和云模型算法对 PSO 算法的进化机制进行优化，提出了混沌云模型粒子群优化算法。在算法处于收敛状态时，将粒子分为优秀粒子和普通粒子，应用云模型算法和优秀粒子对收敛区域局部求精，发掘全局最优位置；应用混沌算法和普通粒子对收敛区域以外空间进行全局寻优，探索全局最优位置。张朝龙等人[95]针对非线性系统 Wiener 模型的系统辨识问题，提出了一种基于自适应云模型的粒子群优化算法的辨识方法。该算法利用云模型实现优秀粒子的遗传和进化操作，根据进化状况动态调整云模型的参数，自适应地控制云模型算法的寻优范围和精度，有较强的全局搜索和局部求精能力。

李明伟[96]将粒子群算法、Cat 映射和云模型进行有机结合，提出了混沌云粒子群混合优化算法，并将其应用于我国港口规划管理中，对港口吞吐量预测和泊位-岸桥分配中的应用进行了探索和研究。

董晓璋等人[97]提出了基于云理论的云变异自适应调整粒子群算法的无人机航路规划方法。在构造适应度函数评价指标时考虑了航路规划中的航迹适飞性、航程、威胁规避和高度等约束条件；该算法有效减小了搜索空间，保持种群多样性的同时提高了收敛速度。仿真结果表明，生成的航迹可规避山体、雷达或火力单元威胁，提高了无人机的生存能力和任务完成概率。

董航等人[98]为解决标准粒子群优化算法不能保证全局收敛、寻优精度低，尤其在高维函数优化方面易陷入局部极小值等问题,提出了一种融合 Kent 混沌映射、云模型理论和布谷鸟搜索的混合粒子群优化（Composite Particle Swarm Optimization,CPSO）算法。该算法采用混沌初始化种群位置、全局开发及局部开采的均衡搜索、多子种群协同进化等改进策略,同时从随机优化算法的全局收敛准则角度对 CPSO 算法的全局收敛性进行证明,并给出了 CPSO 算法的时间复杂度分析。经典的 Benchmark 函数的实验统计结果表明,CPSO 算法在收敛性、寻优精度、稳定性等方面均优于经典算法。

1.2.7 云量子进化算法

1996 年,A. Narayanan 等人首次将量子理论与进化算法相结合,提出了量子遗传算法的概念;2000 年,K.H.Han 等人提出了一种遗传量子算法,然后又扩展为量子进化算法（Quantum Evolutionary Algorithm,QEA）,实现了组合优化问题的求解。QEA 用量子位编码表示染色体,用量子门更新完成寻优。QEA 具有种群分散性好、全局搜索能力强、收敛速度快且易于与其他算法融合等优点。基本 QEA 与一般进化算法不同,没有选择、交叉、变异等算子,所以修改并提出新算子融入 QEA 中便成为研究方向,具有代表性的有粒子群算子、免疫算子、克隆算子、模拟退火模糊算子、文化算子等。

许川佩等人[99-101]针对系统芯片测试结构的特点,采用多进制的编码方式,建立改进的 QEA 数学模型。许川佩等人[101]针对片上网络中资源内核数量不断增多,提出了一种基于云 QEA 优化选取测试端口对资源内核进行并行测试的方法,以降低资源内核测试时间。首先用云模型对 QEA 进行改进;然后在片上网络测试功耗限制下确定测试端口对数,利用云 QEA 优化选取最优端口位置,实现对资源内核的并行测试;此方法可以有效地减少测试时间,且网络规模越大效果越好;同时,与 QEA 相比,云 QEA 有更好的稳定性。

许波等人[102]针对量子遗传算法在函数优化中易陷入局部最优解和早熟

收敛等缺点,采用云模型对其进行改进,采用量子种群基因云对种群进化进行定性控制,采用基于云模型的量子旋转门自适应调整策略进行更新操作,使算法在定性知识的指导下能够自适应控制搜索空间范围,能在较大搜索空间条件下避开局部最优解。典型函数对比实验表明,该算法可以避免陷入局部最优解,能提高全局寻优能力,同时能以更快的速度收敛于全局最优解,优化质量和效率都要优于遗传算法和量子遗传算法。

覃上洲[103]用云理论对 QEA 进行改进,设计了云 QEA,并建立了相应的 SoC 测试数学模型。

李贞双等人[104]采用云模型对量子免疫算法进行了改进,采用量子种群基因云对种群进化进行定性控制,基于云模型的量子旋转门自适应调整策略进行更新操作,使算法在定性知识的指导下能够自适应控制搜索空间范围,使其能在较大搜索空间条件下避开局部最优解。

吴晓辉[105]运用基本正态云发生器对差分进化算法进行改进,实现云自适应差分算法的变异操作,并在云模型数值特征的选择中引入自适应算子对新个体的产生进行自适应调整,保证了算法的稳健性、随机性和稳定倾向性。

丁卫平等人[106]为提高决策表中最小属性约简的效率、稳定性和稳健性,基于云模型在非规范知识定性、定量表示及其相互转换过程中的优良特征对 QEA 进行算子设计,提出了一种基于量子云模型演化的最小属性约简增强算法。该算法采用量子基因云对进化种群进行编码,基于约简属性熵权逆向云进行量子旋转门自适应调整,使其在定性知识指导下能够自适应地控制属性约简空间搜索范围,并采用量子云变异和云纠缠操作算子,较好地避免了在属性演化约简中易陷入局部最优解和早熟收敛等问题,使算法快速搜索到全局最优属性约简集。仿真实验表明,提出的最小属性约简增强算法具有收敛速度快、约简精度高和稳定性强等优点。

李国柱[107]针对 QEA 易陷入局部最优解和求解精度不高的缺点，利用云模型具有随机性和稳定倾向性的特点，提出了一种基于云模型的实数编码 QEA。该算法利用单维云变异进行全局快速搜索，利用多维云进化增强算法局部搜索能力，探索全局最优解。依据算法的进化过程动态调整搜索范围并复位染色体，可以提高收敛速度，并防止陷入局部最优解。仿真结果表明，该算法的搜索精度和效率得到了提高，适合求解复杂函数优化问题。

马颖[75]提出了一种基于云模型的量子克隆免疫算法。该算法首次提出使用云模型协作算子替代量子旋转门这一进化算法中的核心结构，按照染色体个体适应度优劣，选择种群克隆，大幅提高了进化算法的收敛速度和全局搜索能力。在此基础上，提出采用量子位相位编码，使算法适用于连续空间的优化问题；通过对非线性系统的参数估计，验证了算法的有效性。

云模型量子粒子群算法保持了量子粒子群算法简单快速的特点，仅通过使用云模型算子实现对收缩扩张因子的自适应控制，就达到了大幅提高性能的目的。根据量子势阱模型，有人提出了一种面向离散空间优化的二进制量子粒子群改进算法。基于上述两种算法，提出了 3 种压缩感知信号重构方案，信号重构效果良好。

1.2.8 云差分进化算法

毕晓君等人[108]针对现有约束多目标算法存在收敛性、分布性不高等问题，提出了一种基于云 DE 算法的约束多目标优化方法，通过云模型对 DE 算法的参数进行自适应处理。

孙晶晶[109]基于云模型的雾化特性，提出了一种基于云模型的自适应 DE 算法。在该算法中，算法控制参数能够根据进化进展情况的实际需要，实时动态地进行合理调整，能够在不影响算法求解精度的同时，保证算法的收敛速度，并通过标准优化函数测试集对该算法进行对比实验与分析。

呼忠权[110]为了改善基本 DE 算法的全局寻优和局部寻优能力问题，将云模型应用到 DE 算法中，运用基本正态云发生器实现 DE 算法的变异操作，并在云模型数字特征的选择中引入自适应算子对新个体的产生进行自适应调整，增强了算法的适应性和稳定倾向性，同时提出了一种改进算法——自适应云变异 DE 算法。通过典型的 Benchmark 函数测试，与标准 DE 算法和改进的自适应 DE 算法进行比较，实验数据显示，改进的算法能够以较高的精度求解到全局最优解。

潘琦等人[111]为了改善 DE 算法的收敛速度和优化精度，提出了一种基于复形法和云模型的差分进化混合算法（Hybrid Differential Evolution Algorithm based on Complex Method and Cloud Model，HDECC）。该算法使用 DE 算法搜索局部最优域，引入复形法和云模型来加快算法的收敛速度和提高算法优化精度，使算法的初期搜索速度和之后的优化精度相互平衡。最后，使用 7 个标准约束优化问题和 2 个典型工程应用实例进行实验仿真，实验结果表明，与同类算法比较，HDECC 算法全局搜索能力强、优化精度高、收敛速度快，且算法更稳定。

郭肇禄等人[112]针对传统差分演化算法在演化过程中存在少数个体出现停滞的现象，提出了一种基于精英云变异的差分演化算法。该算法在演化过程中统计出每个个体的停滞代数，当一个个体的停滞代数达到指定的阈值时，对该个体执行精英云变异操作，使其向最优个体靠近，从而加快收敛速度；同时以一定的概率对所有个体执行一般反向学习操作，以增加种群的多样性。对比实验结果表明，该算法在收敛速度和求解精度上均具有一定的优势。

胡冠宇等人[113]提出了一种基于云群的高维差分进化算法（High Dimensional Differential Evolution Algorithm based on Cloud Population，

CPDE），并将其应用在网络安全态势预测领域。该算法所提出的云群和分布链概念增加了种群的多样性。算法中的入侵算子将获胜个体的分布植入其他个体，使得在进化的过程中，个体的形态呈现多样性。协作算子在个体之间引入了合作机制并执行差分操作。局部搜索算子增加了算法的搜索精度。实验结果显示，CPDE 是一个有效的高维进化算法，它在优化网络安全态势预测模型中具有一定的优势。

DE 算法是一种基于实数编码和保优贪婪策略的特殊遗传算法，种群内个体可通过合作与竞争来实现对优化问题的求解。但在求解过程中，DE 算法局部搜索能力较差，易陷入局部最优解，求解精度不够高，搜索效率较低。为了改善上述问题，李双双等人[114]提出了一种鲶鱼云模型优化 DE 算法。在算法变异过程中引入了云模型，以此来提高个体在不同搜索状态下的寻优速度和寻优精度，提高算法的搜索效率；再将鲶鱼效应引入算法，以此来增加算法搜索过程中种群个体的多样性，防止种群个体陷入局部最优解，提高算法局部搜索的能力。通过经典测试函数的仿真，结果表明鲶鱼云模型优化 DE 算法的收敛速度更快、求解精度更高，算法的搜索效率得以提高，并能有效避免种群个体陷入局部最优解而产生早熟，算法全局收敛能力增强。

1.2.9 云人工蜂群算法

2005 年，D. Karaboga 等人提出了一种由蜂群行为启发的优化算法——人工蜂群（Artificial Bee Colony，ABC）算法。

蜜蜂是一种群居昆虫，虽然单个昆虫的行为极其简单，但是由单个简单的个体所组成的群体却表现出极其复杂的行为。真实的蜂群能够在任何环境下，以极高的效率从食物源（花朵）中采集花蜜；同时，它们能适应环境的改变。

蜂群产生群体智慧的最小搜索模型包含 3 个基本的组成要素：食物源、被雇用的蜜蜂和未被雇用的蜜蜂；2 种最为基本的行为模型：为食物源招募蜜蜂和放弃某个食物源。

1. 食物源

食物源的价值由多方面的因素决定,如它离蜂巢的远近、包含花蜜的丰富程度和获得花蜜的难易程度。使用单一参数——食物源的"收益率",来代表以上各个因素。

2. 被雇用的蜜蜂

被雇用的蜜蜂也称引领蜂,与所采集的食物源一一对应。引领蜂存储某个食物源的相关信息(相对于蜂巢的距离、方向,食物源的丰富程度等),并且将这些信息以一定的概率与其他蜜蜂分享。

3. 未被雇用的蜜蜂

未被雇用的蜜蜂的主要任务是寻找和开采食物源。有两种未被雇用的蜜蜂:侦查蜂和跟随蜂。侦察蜂搜索蜂巢附近的新食物源,跟随蜂等在蜂巢里并通过与引领蜂分享相关信息找到食物源。在一般情况下,侦察蜂的数目是蜂群的5%~20%。

在群体智慧的形成过程中,蜜蜂间交换信息是最为重要的一环。舞蹈区是蜂巢中最为重要的信息交换地。蜜蜂的舞蹈叫作摇摆舞。食物源的信息在舞蹈区通过摇摆舞的形式与其他蜜蜂共享,引领蜂通过摇摆舞的持续时间等来表现食物源的收益率,故跟随蜂可以观察到大量的舞蹈,并依据收益率来选择到哪个食物源采蜜。收益率与食物源被选择的可能性成正比。因而,蜜蜂被招募到某个食物源的概率与食物源的收益率成正比。

初始时刻,蜜蜂以侦察蜂的身份搜索。其搜索可以由系统提供的先验知识决定,也可以完全随机。经过一轮侦查后,若蜜蜂找到食物源,蜜蜂利用它本身的存储能力记录位置信息并开始采蜜。此时,蜜蜂将成为"被雇用者"。

蜜蜂在食物源采蜜后回到蜂巢卸下蜂蜜，然后将有如下选择：

（1）放弃食物源而成为非雇佣蜂。

（2）跳摇摆舞为所对应的食物源招募更多的蜜蜂，然后回到食物源采蜜。

（3）继续在同一个食物源采蜜而不进行招募。

对于非雇佣蜂有如下选择：

（1）转变成为侦察蜂，并搜索蜂巢附近的食物源。其搜索可以由先验知识决定，也可以完全随机。

（2）在观察完摇摆舞后被雇用成为跟随蜂，开始搜索对应食物源邻域并采蜜。

卢雪燕等人[115]为了提高传统自适应遗传算法的稳健性，受蜜蜂双种群进化的机制启发，把雄蜂通过竞争参与交叉及雄蜂与决定双蜂群优秀遗传基因的蜂后交叉的机制引入算法中，再利用正态云模型云滴的随机性和稳定倾向性，提出了基于蜜蜂双种群进化机制的云自适应遗传算法。该算法由正态云模型的 Y 条件云发生器及蜂后参与的方式实现交叉操作，基本云发生器实现变异操作。函数优化实验和暴雨强度公式参数优化的仿真结果表明了算法的有效性和可行性。

林小军等人[116,117]基于 ABC 算法具有全局勘探和局部开采的特点，针对经典 ABC 算法存在收敛速度慢和易陷入局部最优解的缺点，结合云模型、粒子群和文化算法等，提出了一种基于人工蜂群的改进算法，并将其应用于求解数值函数优化问题。该改进算法利用正态云算子产生新的蜜源位置，并采用非线性递减策略动态调整局部搜索范围。

马红娇[118]利用云模型对定性和定量之间的不确定关系有转化能力的特

点，将原始 ABC 算法进行改进以增强其解的开采能力，并在提高算法的收敛速度的同时较大程度地避免了过早收敛。首先利用正态云算子代替原算法中跟随蜂的轮盘赌选择机制；其次利用正态云算子代替跟随蜂的更新公式；最后利用 Y 条件云发生器代替侦察蜂的搜索公式。

张强等人[119]提出了一种自适应混合文化蜂群算法求解连续空间优化问题。算法中群体空间采用最优觅食理论改进群体更新方式，信念空间通过云模型算法和最优排序差分变异策略对知识进行更新，利用混沌算法和反向学习算法进化外部空间，3 种空间通过自适应的影响操作来实现知识的交换。典型复杂函数测试表明，该算法具有很好的收敛精度和计算速度，特别适宜于多峰值函数寻优。

1.2.10 云人工鱼群算法

2002 年，李晓磊等人在动物群体智能行为研究的基础上提出了一种优化算法——人工鱼群算法（Artificial Fish Swarm Algorithm，AFSA），模仿鱼群的觅食、聚群及追尾行为，从而实现寻优。在一片水域中，鱼往往能自行或尾随其他鱼找到营养物质多的地方，因而鱼生存数目最多的地方一般就是本水域中营养物质最多的地方。通过构造算法采用自上而下的寻优模式，从构造个体的底层行为开始，通过鱼群中各个体的局部寻优，找到全局最优解在群体中凸显出来的目的。以下是鱼的几种典型行为：

（1）觅食行为。一般情况下鱼在水中随机地自由游动，当发现食物时，则会向食物逐渐增多的方向快速游去。

（2）聚群行为。鱼在游动过程中为了保证自身的生存和躲避危害会自然地聚集成群，鱼聚群时所遵守的规则有 3 条：分隔规则，即尽量避免与邻近伙伴过于拥挤；对准规则，即尽量与邻近伙伴的平均方向一致；内聚规则，即尽量朝邻近伙伴的中心移动。

（3）追尾行为。当鱼群中的一条或几条鱼发现食物时，其临近的伙伴会尾随其快速到达食物点。

（4）随机行为。单独的鱼在水中通常都是随机游动的，这是为了更大范围地寻找食物或身边的伙伴。

人工鱼群算法特点如下：

（1）对初值、参数选择不敏感，稳健性强，简单、易实现。

（2）具有较快的收敛速度，可以用于解决有实时性要求的问题，但在后期收敛精度不高。

（3）对于一些精度要求不高的场合，可以用它快速得到一个可行解。

（4）不需要问题的严格机理模型和精确描述。

韦修喜等人[120]借鉴人工鱼群算法的思想，利用云模型云滴的随机性和稳定倾向性，提出了云人工鱼群算法，用于求解具有变量边界约束的非线性的复杂函数的最优化问题。

王明永[121]提出了基于云理论和反馈机制的云人工鱼群算法（Cloud Artificial Fish Swarm Algorithm，CAFSA）。该算法的原理是在人工鱼的觅食行为中，取消了人工鱼群算法的随机生成下一位置的策略，采用二维正态云发生器生成云滴的方式改进人工鱼的下一个位置状态。由云模型的"少量云滴无规律，大量云滴则存在稳定倾向性"特点可知，如果在人工鱼群规模足够大、迭代次数足够多的情况下，引入云模型的人工鱼群算法在后期的收敛精度和速度方面会有较理想的结果。另外，引用反馈机制，使得在算法初期，人工鱼的随机行为较二维云发生器生成云滴的行为机制有较大执行机会，避免了算法陷入局部寻优；在算法后期，二维正态云发生器生成云滴执行的概率更大，提高了算法后期收敛的精度和速度。这些策略对改进人工鱼群算法的全局收敛精度，以及优化算法的收敛性能有较好的效果。从数学角度用有限 Markov 链的收敛性定理证明 CAFSA 的收敛性，并且设计实验将另外两种改进的人工鱼群算法与该算法相比较，得出 CAFSA 在收敛精度方面取得较好结果。将 CAFSA 以及原始 AFSA 应用于解决 TSP 这个经典的 NP 问题，并且与基于信息素寻优的蚁群算法比较，发现 CAFSA 较原始 AFSA 在求解 TSP 问题时有一定的优势，这也为求解 TSP 问题开辟了一种新思路。

洪兴福等人[122]受自然界群体生物繁衍生息行为的启发，提出了一种新型 AFSA。新算法将鱼群行为概括为觅食行为、繁衍行为和逃逸行为。其中，繁衍行为是指利用进化算法的选择和交叉算子赋予人工鱼繁衍能力；逃逸行为利用云模型云滴的随机性和稳定倾向性，由基本云发生器实现人工鱼变异操作。新算法还采用了双曲正切函数建立步长参数自适应模型，从而动态调整算法寻优能力。通过 10 个标准测试函数的计算验证和分析比较，表明了提出的新型自适应混合 AFSA 具有计算精度高、搜索速度快等特点。

人工鱼群算法是一种高效的寻优算法，因算法简单、稳健性强等优点而应用于多个领域，但是应用中由于受限于人工鱼的生成模型，算法只考虑了鱼群在进化中的倾向性，而忽略了随机性，并引起后期收敛速度慢、易陷入局部最优解的特点。因此，为了解决鱼群进化过程中随机性与倾向性的兼容问题，宋晓[123]利用云模型所具有的转换定性与定量之间不确定关系的能力，提出了基于云模型的人工鱼群算法，算法引入云学习因子和云变异因子，用于提高人工鱼在寻优过程中的主动学习能力，有效地避免了人工鱼在寻优过程中游动行为的模糊性，提高了算法的寻优性能。在解决多阈值图像问题时，传统的算法因无法合理地选取阈值而导致分割的结果不准确，为解决阈值选取这一不确定问题，将基于云模型的鱼群算法应用到多阈值图像分割问题中，结合最大熵函数，相应地调整鱼群参数。实验表明，改进的鱼群算法在保证图像分割结果的准确性和稳定性的同时，也提高了图像分割的速度。

1.2.11 云模拟退火算法

将固体加热至一定温度，再让其慢慢冷却，加温时，固体内部粒子随温升变为无序状，内能增大，而冷却时粒子渐趋有序，在每个温度都达到平衡态，最后在常温时达到基态，内能减为最小。

1953年，基于固体退火原理，N. Metropolis 等人提出了模拟退火（Simulated Annealing，SA）算法。1983年，基于物理中固体物质的退火过程与一般组合优化问题之间的相似性，S. Kirkpatrick 等人成功地将退火思想应用到组合优化领域。模拟退火算法基于 Monte-Carlo 迭代求解策略，通过赋予搜索过程一种时变且最终趋于零的概率突跳性，从而可有效避免陷入局部极小并最终趋于全局最优解，它是一种串行结构的随机寻优算法。模拟退火算法从某个较高初始温度出发，伴随温度参数的不断下降，结合概率突跳特性在解空间中随机寻找目标函数的全局最优解，即局部最优解能概率性地跳出并最终趋于全局最优解。模拟退火算法是一种通用的优化算法，理论上算法具有概率的全局优化性能，目前已在诸如超大规模集成电路、生产调度、控制工程、机器学习、神经网络、信号处理等领域得到了广泛应用。

Pin Lv 等人[124]利用 Y 条件下正态云发生器的随机性和稳定性，提出了一种基于云理论的模拟退火算法（Simulated Annealing Algorithm based on Cloud Theory，CSA），该算法的特点是温度近似连续下降，隐含着"逆火和再退火"。该算法较好地适应了自然界固体退火过程，克服了传统模拟退火算法搜索速度慢、容易陷入局部极小的缺点，提高了最终解的准确性，同时降低了优化过程的时间成本。理论分析证明 CSA 是收敛的，典型的函数优化实验表明，CSA 在收敛速度、搜索能力和稳健性方面优于 SA 算法。在基于可见性的地形推理中，将 CSA 应用于观察点设置问题，结果也充分说明了该算法的有效性和实用性。

董丽丽等人[125]针对遗传算法收敛速度慢，容易"早熟"等缺点，提出了一种基于云模型的自适应并行模拟退火遗传算法。该算法使用云模型实现交叉概率和变异概率的自适应调节；结合模拟退火避免遗传算法陷入局部最优解；使用多种群优化机制实现算法的并行操作；使用英特尔推出的线程构造模块并行技术，实现算法在多核计算机上的并行执行。理论分析和仿真结果表明，该算法比其他原有的或改进的遗传算法具有更快的收敛速度和更好的寻优结果，并且充分利用了当前计算机的多核资源。

曹如胜等人[126]针对贝叶斯网络结构学习对算法高效性的要求，提出将云遗传算法和模拟退火算法相结合的云遗传模拟退火算法，以云遗传算法的选择、云交叉和云变异来完成模拟退火算法中的更新解操作；同时，针对算法在特定条件下陷入早熟收敛的问题，提出了改进的云交叉算子和云变异算子。仿真实验结果表明，曹如胜等人所提出的云遗传模拟退火算法能有效提高贝叶斯网络学习的效率和准确性。

1.2.12 云蛙跳算法

2003 年，M. Eusuff 和 K. Lansey 为解决组合优化问题提出了一种新型的仿生物学智能优化算法——蛙跳算法（Shuffled Frog Leaping Algorithm，SFLA）。SFLA 结合了基于模因（Meme）进化的模因演化算法和基于群体行为的粒子群算法两种群智能优化算法的优点。SFLA 是一种全新的启发式群体进化算法，具有概念简单、调整的参数少、计算速度快、全局搜索寻优能力强、易于实现的特点。混合蛙跳算法主要应用于解决多目标优化问题，例如水资源分配、桥墩维修、车间作业流程安排等工程实际应用问题。

张强等人[129]提出了一种自适应分组混沌云模型蛙跳算法。通过反向学习机制初始化种群，应用云模型算法对优秀子群组的收敛区域搜索更优位置，应用混沌理论在收敛区域以外空间探索全局最优位置。张强等人[130]基于元胞自动机理论提出了一种改进混洗蛙跳算法。该算法将元胞自动机嵌入混洗蛙跳算法中改进分组策略，应用云模型和混沌理论改进个体更新方式，利用演化规则模拟生物进化的动态特征。对6个基准函数进行测试的实验结果表明，该算法具有较好的收敛精度和计算速度，适用于多峰值函数寻优。

刘丽杰等人[131]针对连续空间优化问题，提出了一种自适应混合文化蛙跳算法。算法中群体空间采用改进的混合蛙跳算法进行优化，信念空间通过云模型算法对知识进行更新，利用混沌算法和反向学习算法进化外部空间，3种空间通过自适应的接受操作和影响操作来实现知识的交换。典型复杂函数测试结果表明，该算法具有很好的收敛精度和计算速度，特别适宜于多峰值函数寻优。

1.2.13 云果蝇优化算法

2012年，受果蝇觅食行为启发，潘文超提出了一种新型的群体智能优化算法——果蝇优化算法（Fruit Fly Optimization Algorithm，FOA）。FOA通过模拟果蝇种群的觅食行为，采用基于果蝇群体协作的机制进行寻优操作。FOA寻优机制简单，整个算法仅包括嗅觉搜索和视觉搜索两部分，关键参数仅为种群数目和最大迭代搜索次数。FOA采用基于种群的全局搜索策略、群体协作、信息共享，具有良好的全局优化能力。作为一种通用型算法，FOA不依赖于求解问题的具体信息，并且适合与其他算法混合，容易得到性能更出众的混合算法。自FOA被提出以来，在短短的4年时间内，已经引起了许多学者的重视，并成功地应用于诸如财务危机预警建模、多维背包问题、电力预测、神经网络参数优化、供应链选址分配、网络拍卖、物流服务等诸多领域。由于FOA提出时间较短，针对FOA成体系的理论研究还未成熟，大部分相关文献都是从特定视角聚焦于对 FOA 的改进和实际应用方面的。

为了提高果蝇优化算法的全局收敛能力和收敛精度，左词立[132]提出了一种基于云学习的双态果蝇优化算法，利用云模型描述觅食过程中的随机性和模糊性，增强逃离局部最优的能力；鉴于基于浓度判定值计算的候选解产生机制存在易陷入早熟收敛，以及不能优化最优解为负值的优化问题，在新的候选解产生机制的基础上，提出了一种基于正态云模型的果蝇优化算法。该算法利用正态云模型对果蝇觅食过程中的随机性和模糊性进行描述，提高了搜索效率。他还提出了一种正态云模型参数自适应策略，使算法前期具有较强的全局收敛能力，后期拥有良好的收敛精度。利用 33 个 Benchmark 测试函数对算法进行测试，实验结果表明，该算法能获得良好的收敛性能。结合 Pareto 占优概念及外部精英存档策略，他提出了一种基于云模型的多目标果蝇优化算法，将果蝇优化算法拓展到多目标问题的优化。

1.3 本章小结

本章简单介绍了进化计算的五大分支：遗传算法、进化策略、进化规划、遗传编程、差分进化算法，综述了很多学者提出的各种新颖的基于云模型的进化算法，以及应用云模型来改进遗传算法、进化规划、进化策略、蚁群算法、粒子群算法、量子进化算法、差分进化算法、人工蜂群算法、人工鱼群算法、模拟退火算法、蛙跳算法、果蝇优化算法等的成果。

进化计算虽然在理论与应用方面都取得了很大的成就，但仍然存在诸多不足，值得继续深入研究。云模型和进化计算深度融合，不仅拓宽了云模型的应用领域，也为进化计算的研究进行了新的探索和尝试。

第 2 章 云模型

2.1 引言

云模型是一种可以有效实现语言值表示的定性概念与其定量表示之间不确定性转换的认知计算模型。目前,云模型已经广泛应用于系统评测、数据挖掘、决策支持、智能控制、网络安全、数字水印、进化计算等诸多领域[133-145]。

2.2 正态云模型

2.2.1 云和云的数字特征

云模型赋予样本点以确定度,来统一刻画语言原子中的随机性、模糊性及关联性。或者说,云模型依据概率测度理论,构造了一个反映语言原子中随机性和模糊性的关联函数。利用正向云可以从语言值表达的定性信息中获得定量数据的范围和分布规律,也可以使用逆向云把精确数值有效转换为恰当的定性语言值,从而构成不确定性知识表示模型[145]。

定义 2.1　设 U 是一个用精确数值表示的定量论域，C 是 U 上的定性概念。若定量值 $x \in U$，且 x 是定性概念 C 的一次随机实现，x 对 C 的确定度 $\mu(x)(\in [0,1])$ 是有稳定倾向的随机数，则 x 在论域 U 上的分布称为云（Cloud），每个 x 称为一个云滴。

上述定义的云具有下列重要性质。

（1）云是一个随机变量 X，但它并不是概率意义下的简单的随机变量，而对于 X 的任意一次实现 $x \in U$，x 有一个确定度，并且该确定度也是一个随机变量，而不是一个固定的数值。

（2）云由云滴组成，云滴之间无次序性，一个云滴是定性概念在数量上的一次实现，云滴整体才能反映出概念的特征。云滴数目越多，越能反映这个定性概念的整体特征。

（3）云滴的确定度可以理解为云滴能够代表该定性概念的程度。云滴出现的概率越大，云滴的确定度应当越大，这与人们的主观理解一致。

需要补充说明的是，定义中的论域 U 可以是一维的，也可以是多维的；定义中提及的随机实现，是概率意义上的实现；定义中提及的确定度，是模糊集意义上的隶属度，同时又具有概率意义上的分布，这些都体现了模糊性和随机性的关联性。云不是简单的随机或者模糊，而是具有随机确定度的随机变量。如果没有确定度，那么云就退化为普通的随机变量；而如果仅是对经典集合中的元素赋予其随机的确定度，那么仅是模糊集合中隶属函数的扩展。因此，云不能简单地理解为随机或者模糊，也不是模糊加随机，更不是二次随机或二次模糊，它很难把模糊性和随机性人为地分开，而是有机地集成在一起，能够实现定性语言值与定量数值之间的自然转换。它体现了隶属函数的不确定性，更客观地反映了某种过渡性，能够更好地刻画人类语言及思维中的灵活性和柔和性，更接近自然语言和人类思维过程。

需要强调的是，虽然云的直接含义是一个随机变量 X，但是随机确定度是必不可少的内在条件，没有了确定度，云就失去了其重要意义，而只是概率意义的随机变量。为了更好地理解这一点，有时也将云滴及其确定度的联合表示成云，记为 $C(x,\mu)$，以强调确定度 μ 对云的意义。

云从自然语言中的语言值切入，研究定性概念的量化方法，具有直观性和普遍性。定性概念转换成一个个定量值，更形象地说，是转换成论域空间的一个个点。这是个离散的转换过程，具有随机性。每个特定的点的出现是一个随机事件，可以用其概率分布函数描述。云滴能够代表该概念的确定度具有模糊集合中隶属度的含义，同时确定度自身也是个随机变量，也可以用其概率分布函数描述。在论域空间中，大量云滴构成一朵可伸缩、无边沿、近视无边、远观像云的一对多的数学映射图像，与自然现象中的云有着相似的不确定性质，所以借用"云"来命名这个数据——概念之间的数学转换理论。

云作为定性概念与其定量表示之间的不确定性转换模型，主要反映客观世界中事物或人类知识中概念的两种不确定性：模糊性（边界的亦此亦彼性）和随机性（发生的概率），并把二者集成在一起，构成定性和定量相互间的映射，研究自然语言中的最基本语言值（又称语言原子）所蕴含的不确定性中的普遍规律，使得有可能从语言值表达的定性信息中获得定量数据的范围和分布规律，也有可能把精确数值有效转换为恰当的定性语言值。

根据该定义，论域中的值代表某个定性概念的确定度不是恒定不变的，而是始终在细微变化着的，但是，这种变化并不影响云的整体特征，对云来说，重要的是研究云的整体形状反映出的不确定概念的特性，以及云滴大量出现时确定度值呈现的规律性。

云用期望 Ex（Expectation）、熵 En（Entropy）和超熵 He（Hyper Entropy）

3个数字特征来整体表征一个概念。将概念的整体特性用3个数字特征来反映,这是定性概念的整体定量特性,对理解定性概念的内涵和外延有着极其重要的意义。通过这3个数字特征,可以设计不同的算法来生成云滴及确定度,得到不同的云模型,从而构造出不同的云。

期望 Ex:云滴在 U 上分布的期望。通俗地说,就是最能够代表定性概念的点,或者说是这个概念量化的最典型样本。距离期望 Ex 越近,云滴越集中,反映人们对概念的认知越统一;距离期望越远的云滴越离散稀疏,反映人们对概念的认知越不稳定和不统一。

熵 En:定性概念的不确定性度量,由概念的随机性和模糊性共同决定。一方面 En 是定性概念随机性的度量,反映了能够代表这个定性概念的云滴的离散程度;另一方面又是定性概念亦此亦彼性的度量,反映了在论域空间可被概念接受的云滴的取值范围。

超熵 He:是熵的不确定性度量,即熵的熵。由熵的随机性和模糊性共同决定。

从一般意义上讲,概念的不确定性可以用多个数字特征表示。可以认为,概率理论中的期望、方差和高阶矩是反映随机性的多个数字特征,但没有触及模糊性;隶属度是模糊性的精确度量方法,但是没有考虑随机性;粗糙集是用基于精确知识背景下的两个精确集合来度量不确定性的,却忽略了背景知识的不确定性。在云模型中,除了期望、熵、超熵这3个数字特征,还可以用更高阶的熵去刻画概念的不确定性,理论上可以是无限深追的。但是,通常人类借助于语言进行思维,并不涉及过多的数学运算,用这3个数字特征足以反映一般情况下概念的不确定性深度,过多的数字特征会增加问题描述的复杂程度,违背人类使用自然语言思维的本质。

2.2.2 正向云发生器

云发生器（Cloud Generator，CG）指被软件模块化或硬件固化的云模型生成算法。由云的数字特征产生云滴，称为正向云发生器（Forward Cloud Generator，FCG），正向云发生器又称基本云发生器，是实现不确定性推理的基础，它产生的云滴呈现某种分布规律。图 2-1 所示为一个正向云发生器。

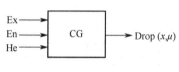

图 2-1　正向云发生器

在概率分布中，正态分布最基本、最重要，应用也最广泛。正态分布由期望和方差这两个参数决定。钟形（或称高斯、正态）隶属函数是模糊理论中最常使用的隶属函数，其函数形式为 $\mu(x)=\exp[-(x-a)^2/(2b^2)]$。利用云模型的 3 个数字特征，将原本固定的方差用一个随机分布代替，并用这个随机分布结合钟形隶属函数来产生随机确定度，是云的一种实现方法。正向正态云发生器在表达最基本的语言值——语言原子时最有用，因为在社会科学和自然科学的各个分支都已经证明了正态分布的普适性。

定义 2.2　设论域 U，C 是 U 上的定性概念。w 是服从正态分布 $N(\text{En}, \text{He}^2)$（En>0，He>0）的随机变量 En′ 的一次实现；当 $w\neq 0$ 时，x 是服从正态分布 $N(\text{Ex}, w^2)$ 的随机变量 X 的一次实现，x 对 C 的确定度为

$$\mu(x) = \exp\{-(x-\text{Ex})^2/(2w^2)\}$$

当 $w=0$ 时，$x=\text{Ex}$，$\mu(x)=1$，则 X 在论域 U 上的分布称为正态云。

根据正态云的定义，熵变量 En′∼$N(\text{En}, \text{He}^2)$（En>0，He>0），其概率密度函数

$$f_{\text{En}'}(w) = \frac{1}{\sqrt{2\pi}\text{He}} e^{-\frac{(w-\text{En})^2}{2\text{He}^2}} \qquad (2\text{-}1)$$

当 En′ 为定值 w（$\neq 0$）时，X 的条件概率密度函数

$$f_{X|\text{En}'}(x|w) = \frac{1}{\sqrt{2\pi}|w|} e^{-\frac{(x-\text{Ex})^2}{2w^2}} \qquad (2\text{-}2)$$

所有云滴的确定度 μ 是一个随机变量

$$Y = \begin{cases} e^{-\dfrac{(X-\text{Ex})^2}{2(\text{En}')^2}} & \text{En}' \neq 0 \\ 1 & \text{En}' = 0, X = \text{Ex} \end{cases} \qquad (2\text{-}3)$$

下面介绍正向正态云发生器的算法。

算法 2.1　正向正态云发生器 CG(Ex，En，He，N)。

输入：数字特征（Ex，En，He）及产生云滴的个数 N，计数器 $i=1$。

输出：云滴 x_i 及其确定度 μ_i（$i=1,\cdots,N$）。

算法步骤：

（1）产生一个来自正态分布 $N(\text{En},\text{He}^2)$ 的随机数 w_i。

（2）若 $w_i \neq 0$，产生一个来自正态分布 $N(\text{Ex}, w_i^2)$ 的随机数 x_i；若 $w_i=0$，$x_i=\text{Ex}$。

（3）若 $w_i \neq 0$，计算 $\mu_i = \exp\{-(x_i - \text{Ex})^2/(2w_i^2)\}$；若 $w_i=0$，$\mu_i=1$。具有确定度 μ_i 的 x_i 成为论域 R 中的一个云滴。

（4）$i=i+1$，当 $i<N+1$ 时，重复步骤（1）～（3），否则，停止。

此外，云可以根据不同的条件来生成，在给定论域中特定的数值 x 的条件

下,生成 x 的确定度 μ 的云发生器称为 X 条件云发生器[见图2-2(a)];在给定特定的确定度值 μ 的条件下,生成 x 的云发生器称为 Y 条件云发生器[见图2-2(b)]。X 条件云发生器生成的云滴位于同一条竖线上,横坐标数值均为 x,纵坐标确定度值是一个随机变量。Y 条件云发生器生成的云滴 x 位于同一条水平线上,这些 x 也形成了一个随机变量,其确定度均为 μ。两种条件云发生器是运用云模型进行不确定性推理的基础。X 条件云发生器和 Y 条件云发生器的输出结果都是云带,X 条件云发生器输出一条,Y 条件云发生器输出以云的数学期望为对称中心的两条。云带的云滴密集度具有离心衰减的特点,即云带中心对概念的隶属确定度大,云滴密集,越偏离云带中心,对概念的确定度越小,云滴越稀疏。

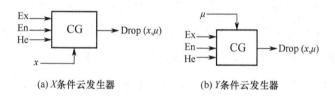

图2-2 条件云发生器

算法 2.2 X 条件云发生器 CG(Ex,En,He)。

输入:数字特征(Ex,En,He),论域中数值 x。

输出:x 的确定度 μ。

算法步骤:

(1) 若 $x=\text{Ex}$,$\mu=1$。

(2) 若 $x \neq \text{Ex}$,产生一个来自正态分布 $N(\text{En}, \text{He}^2)$ 的随机数 w($\neq 0$)。

(3) 计算 $\mu = \exp\{-(x-\text{Ex})^2/(2w^2)\}$,令 (x, μ) 为云滴。

算法 2.3 Y 条件云发生器 CG(Ex,En,He)。

输入:数字特征(Ex,En,He),确定度 μ。

输出:确定度为 μ 的论域中数值 x。

算法步骤:

(1) 若 $\mu=1$,$x=\text{Ex}$。

(2) 若 $\mu \neq 1$,产生一个来自正态分布 $N(\text{En},\text{He}^2)$ 的随机数 w($\neq 0$)。

(3) 计算 $x = \text{Ex} \pm \sqrt{-2\ln\mu}\, w$,$(x,\mu)$ 即云滴。

下面我们将简单介绍服从其他分布的云。

为了表达具有单侧特征的定性概念,我们可以定义半升云和半降云两种半云形态。半正态云仍可用 $C(\text{Ex},\text{En},\text{He})$ 来表示,只不过生成的云滴在论域中的数值要么都大于 Ex,要么都小于 Ex。例如,假定"距离"的论域为 0~100 千米,如果分别用"小于 20 千米""大于 80 千米"来定义概念"近""远",则可用半正态云来描述这两个概念,半降正态云和半升正态云分别如图 2-3 和图 2-4 所示。

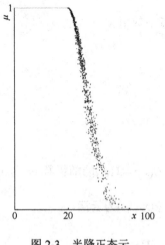

图 2-3 半降正态云

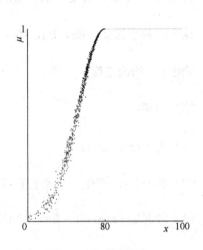

图 2-4 半升正态云

若 Ex 不是一个数值而是一个区间,则可将正态云扩展成梯形云。梯形云由半升正态云 $C_1(\mathrm{Ex}_1,\mathrm{En}_1,\mathrm{He}_1)$ 和半降正态云 $C_2(\mathrm{Ex}_2,\mathrm{En}_2,\mathrm{He}_2)$ 生成,当 $\mathrm{Ex}_1<\mathrm{Ex}_2$, $\mathrm{En}_1=\mathrm{En}_2$, $\mathrm{He}_1=\mathrm{He}_2$ 时,为标准的梯形云;当 $\mathrm{Ex}_1<\mathrm{Ex}_2$, $\mathrm{En}_1\neq\mathrm{En}_2$, $\mathrm{He}_1\neq\mathrm{He}_2$ 时,为梯形云的一般情况;当 $\mathrm{Ex}_1=\mathrm{Ex}_2$, $\mathrm{En}_1=\mathrm{En}_2$, $\mathrm{He}_1=\mathrm{He}_2$ 时,梯形云就退化成基本的正态云模型。仍然以上例中的"距离"为例,假设概念"中"的期望为区间[40,60],"近、中、远"的云图如图 2-5 所示,这样"远""中""近" 3 个概念都可由云模型表示出来。

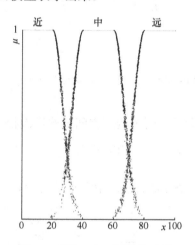

图 2-5 "近、中、远"的云图

文献 [135,136] 中还讨论了伽马云、三角形云,这里不再赘述。

2.2.3 正态云的概率分析

据式(2-1)和式(2-2),又由条件概率密度公式[146,147],可知 X 的边际概率密度函数

$$\begin{aligned}
f_X(x) &= \int_{-\infty}^{+\infty} f_{X,\mathrm{En}'}(x,w)\mathrm{d}w \\
&= \int_{-\infty}^{+\infty} f_{\mathrm{En}'}(w) f_{X|\mathrm{En}'}(x|w)\mathrm{d}w \\
&= \int_{-\infty}^{+\infty} \frac{1}{2\pi\mathrm{He}|w|} e^{-\frac{(x-\mathrm{Ex})^2}{2w^2}-\frac{(w-\mathrm{En})^2}{2\mathrm{He}^2}}\mathrm{d}w
\end{aligned} \quad (2\text{-}4)$$

富比尼定理（Fubini's Theorem）是数学分析中有关重积分的一个定理，以数学家富比尼（G. Fubini）的名字命名。富比尼定理给出了使用逐次积分的方法计算双重积分的条件。在这些条件下，不仅能够用逐次积分计算双重积分，而且在交换逐次积分的顺序时，积分结果不变[148-150]。

假设 A 和 B 都是 σ-有限测度空间，$f(x,y)$ 是 $A \times B$ 可测度的，有

$$\int_{A \times B} |f(x,y)| \mathrm{d}(x,y) < \infty$$

那么

$$\int_A \left(\int_B f(x,y) \mathrm{d}y \right) \mathrm{d}x = \int_B \left(\int_A f(x,y) \mathrm{d}x \right) \mathrm{d}y = \int_{A \times B} f(x,y) \mathrm{d}(x,y)$$

在上述等式中，前二者是在两个测度空间上的逐次积分，但积分次序不同；第三个是在乘积空间上关于乘积测度的积分。

根据富比尼定理，在 Lebesgue 测度意义上，有

$$g(x,y) = \frac{x}{2\pi \mathrm{He}|y|} e^{-\frac{(x-\mathrm{Ex})^2}{2y^2} - \frac{(y-\mathrm{En})^2}{2\mathrm{He}^2}} \in L(R^2)$$

迭代积分的次序可以改变。

X 的期望

$$\begin{aligned}
E(X) &= \int_{-\infty}^{+\infty} x f_X(x) \mathrm{d}x \\
&= \int_{-\infty}^{+\infty} x \left[\int_{-\infty}^{+\infty} \frac{1}{2\pi \mathrm{He}|w|} e^{-\frac{(x-\mathrm{Ex})^2}{2w^2} - \frac{(w-\mathrm{En})^2}{2\mathrm{He}^2}} x f_X(x) \mathrm{d}x \right] \mathrm{d}w \\
&= \int_{-\infty}^{+\infty} \frac{1}{\sqrt{2\pi} \mathrm{He}} e^{-\frac{(w-\mathrm{En})^2}{2\mathrm{He}^2}} \mathrm{d}w \int_{-\infty}^{+\infty} x \frac{1}{\sqrt{2\pi}|w|} e^{-\frac{(x-\mathrm{Ex})^2}{2w^2}} \mathrm{d}x \\
&= \mathrm{Ex}
\end{aligned} \quad （2\text{-}5）$$

和方差

$$D(X) = \int_{-\infty}^{+\infty}(x-\mathrm{Ex})^2 \mathrm{d}x \int_{-\infty}^{+\infty}\frac{1}{2\pi \mathrm{He}|w|}\exp\left\{-\frac{(x-\mathrm{Ex})^2}{2w^2}-\frac{(w-\mathrm{En})^2}{2\mathrm{He}^2}\right\}\mathrm{d}w$$

$$=\frac{1}{\sqrt{2\pi}\mathrm{He}}\int_{-\infty}^{+\infty}|w|\exp\left\{-\frac{(w-\mathrm{En})^2}{2\mathrm{He}^2}\right\}\mathrm{d}w \int_{-\infty}^{+\infty}\frac{1}{\sqrt{2\pi}}\frac{(x-\mathrm{Ex})^2}{w^2}\exp\left\{-\frac{(x-\mathrm{Ex})^2}{2w^2}\right\}\mathrm{d}x$$

$$=\frac{1}{\sqrt{2\pi}\mathrm{He}}\int_{-\infty}^{+\infty}w^2\exp\left\{-\frac{(w-\mathrm{En})^2}{2\mathrm{He}^2}\right\}\mathrm{d}w \int_{-\infty}^{+\infty}\frac{1}{\sqrt{2\pi}}t^2\exp\left\{-\frac{t^2}{2}\right\}\mathrm{d}t$$

$$=\mathrm{En}^2+\mathrm{He}^2$$

(2-6)

式（2-5）和式（2-6）表明，正向正态云算法产生的云滴是一个期望为 Ex、方差为 $\mathrm{En}^2+\mathrm{He}^2$ 的随机变量。又有 $D(X)=E(X)^2-(\mathrm{Ex})^2$，故

$$E(X)^2 = \mathrm{Ex}^2+\mathrm{En}^2+\mathrm{He}^2$$

首先求出当 En′为定值 w（≠0）时，Y 的条件分布函数 $F_{Y|\mathrm{En}'}(y|w)$。

当 $y \in (0,1)$ 时，有

$$F_{Y|\mathrm{En}'}(y|w) = P\{Y \leqslant y|\mathrm{En}'=w\}$$

$$= P\{e^{-(X-\mathrm{Ex})^2/(2w^2)} \leqslant y|\mathrm{En}'=w\}$$

$$= 1-P\left\{-\sqrt{-2\ln y} \leqslant \frac{X-\mathrm{Ex}}{|w|} \leqslant \sqrt{-2\ln y}\,\middle|\,\mathrm{En}'=w\right\}$$

$$= 1-P\{\mathrm{Ex}-|w|\sqrt{-2\ln y} \leqslant X \leqslant \mathrm{Ex}+|w|\sqrt{-2\ln y}\,|\,\mathrm{En}'=w\}$$

$$= 1-\int_{\mathrm{Ex}-|w|\sqrt{-2\ln y}}^{\mathrm{Ex}+|w|\sqrt{-2\ln y}} f_{Y|\mathrm{En}'}(y|w)\mathrm{d}x$$

$$= 1-\int_{\mathrm{Ex}-|w|\sqrt{-2\ln y}}^{\mathrm{Ex}+|w|\sqrt{-2\ln y}} \frac{1}{\sqrt{2\pi}|w|}e^{-\frac{(x-\mathrm{Ex})^2}{2w^2}}\mathrm{d}x$$

$$= 1-\frac{1}{\sqrt{2\pi}}\int_{-\sqrt{-2\ln y}}^{\sqrt{-2\ln y}} e^{-\frac{t^2}{2}}\mathrm{d}t$$

可见，无论熵变量 En'取任何非零值，随机变量 Y 的条件概率分布函数都不变，即 $F_{Y|En'}(y|w)$ 与 En'的值无关，且 Y 是连续随机变量，故

$$F_Y(y) = F_{Y|En'}(y|w) = 1 - \frac{1}{\sqrt{2\pi}} \int_{-\sqrt{-2\ln y}}^{\sqrt{-2\ln y}} e^{-\frac{t^2}{2}} dt$$

且

$$f_Y(y) = F_Y(y)'$$

$$= -\frac{2}{\sqrt{2\pi}} \left(\int_0^{\sqrt{-2\ln y}} e^{-\frac{t^2}{2}} dt \right)'$$

$$= -\frac{2}{\sqrt{2\pi}} \left(e^{-\frac{(-2\ln y)}{2}} \sqrt{-2\ln y} \right)'$$

$$= \frac{1}{\sqrt{-\pi \ln y}}$$

而当 $y \geq 1$ 时，$F_Y(y)=1$；当 $y \leq 0$ 时，$F_Y(y)=0$。故 Y 的概率密度函数

$$f_Y(y) = \begin{cases} \dfrac{1}{\sqrt{-\pi \ln y}}, & 0 < y < 1 \\ 0, & \text{其他} \end{cases} \qquad (2\text{-}7)$$

Y 的期望

$$E(Y) = \int_0^1 y \frac{1}{\sqrt{-\pi \ln y}} dy = \int_{+\infty}^0 e^{-\frac{t^2}{\pi}} \frac{1}{t} \left(de^{-\frac{t^2}{\pi}} \right) = \int_0^{+\infty} \frac{2}{\pi} e^{-\frac{2t^2}{\pi}} dt = \sqrt{2}/2$$

先计算

$$E(Y^2) = \int_0^1 y^2 \frac{1}{\sqrt{-\pi \ln y}} dy = \int_{+\infty}^0 e^{-\frac{2t^2}{\pi}} \frac{1}{t} d\left(e^{-\frac{t^2}{\pi}} \right) = \int_0^{+\infty} \frac{2}{\pi} e^{-\frac{3t^2}{\pi}} dt = \sqrt{3}/3$$

则 Y 的方差

$$D(Y) = E(Y^2) - (E(Y))^2 = (2\sqrt{3} - 3)/6$$

这一结论表明，确定度 μ 的概率密度函数同正态云的 3 个数字特征无关。通过证明过程还进一步知道，确定度 μ 的概率密度与 En′ 服从何种分布无关，这是正态云的又一个重要性质，也是正向发生器算法设计的依据之一。

由于熵变量 En′~N(En，He^2)（He>0），为表示方便，不妨记 W=En′，有

$$E(W^2)=E[(\text{En}')^2]=\text{En}^2+\text{He}^2 \qquad (2\text{-}8)$$

据文献[147]，有

$$W^2/\text{He}^2 \sim \chi^2(1,\gamma) = \text{Ga}(1/2, 1/2, \gamma)$$

其中，非中心参数 $\gamma = \text{En}^2/(2\text{He}^2)$。从而可推得

$$D(W^2)=4\text{En}^2\text{He}^2+2\text{He}^4 \qquad (2\text{-}9)$$

根据正向云的具体实现算法，产生的具有确定度 μ_i 的云滴 x_i 对应于向量 $G_i = (x_i, w_i, \mu_i)$（$i=1, \cdots, N$），而 G_i 是曲面

$$\mu = \begin{cases} \exp\{-(x-\text{Ex})^2/(2w^2)\}, & w \neq 0 \\ 1, & w = 0, x = \text{Ex} \end{cases}$$

之上的点。

图 2-6 形象直观地表示了正向云发生器的一次随机实现。在三维坐标 (x, w, μ) 中，点 G_i 散落于式（2-9）表示的曲面之上。图 2-7、图 2-8 和图 2-9 分别展示了从 3 个不同角度看到的云图在二维坐标平面 (x, μ)、(x, w)、(w, μ) 上的射影。

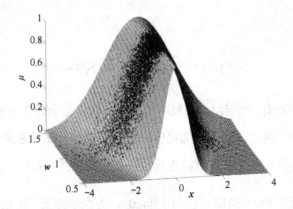

图 2-6　正向云发生器的一次随机实现

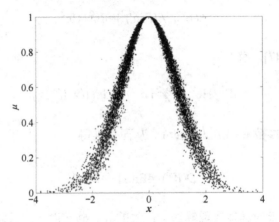

图 2-7　(x, w, μ) 在二维坐标平面 (x, μ) 上的射影

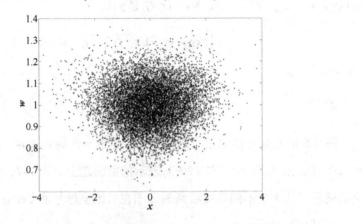

图 2-8　(x, w, μ) 在二维坐标平面 (x, w) 上的射影

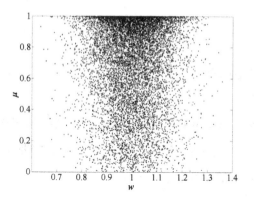

图 2-9 (x, w, μ) 在二维坐标平面 (w, μ) 上的射影

云的期望曲线方程为 $y = \exp\{-(x-\mathrm{Ex})^2/(2\mathrm{En}^2)\}$，该曲线覆盖的面积

$$\mathrm{TC} = \int_{-\infty}^{+\infty} y \mathrm{d}x = \int_{-\infty}^{+\infty} \mathrm{e}^{-\frac{(x-\mathrm{Ex})^2}{2\mathrm{En}^2}} \mathrm{d}x = \sqrt{2\pi}\mathrm{En}$$

因此，位于[Ex-3En，Ex+3En]内的元素对概念的总贡献

$$\mathrm{TC} = \int_{\mathrm{Ex}-3\mathrm{En}}^{\mathrm{Ex}+3\mathrm{En}} y \mathrm{d}x / \left(\sqrt{2\pi}\mathrm{En}\right) \approx 99.74\%$$

所以，对于论域 U 上的定性概念 C 有贡献的定量值主要落在区间 [Ex-3En，Ex+ 3En]。因此，可以忽略该区间之外的定量值对定性概念 C 的贡献，这就是正态云的"3En 规则"，如图 2-10 所示[145]。

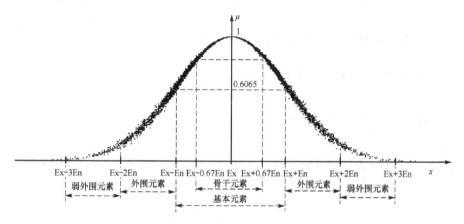

图 2-10 正态云的"3En 规则"

2.3 逆向云算法

逆向云发生器（Backward Cloud Generator，CG^{-1}）是实现从定量值到定性概念的转换模型。它可以将一定数量的精确数据转换为以 3 个数字特征（Ex，En，He）表示的定性概念，如图 2-11 所示[145]。

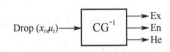

图 2-11　逆向云发生器

下面依次给出两种现有的逆向云发生器的算法。

算法 2.4　利用确定度信息的逆向云发生器[72]。

输入：云滴 x_i 及其确定度 μ_i，$i=1, 2, \cdots, N$。

输出：反映定性概念的数字特征（Ex，En，He）。

（1）由已知云滴用云期望曲线方程 $y = e^{-\frac{(x-\mathrm{Ex})^2}{2(\mathrm{En})^2}}$ 拟合，从而得到 $\hat{\mathrm{Ex}}$。

（2）将 $\mu > 0.999$ 的点剔除，剩下 M 个云滴。

（3）$w_i = \left| x_i - \hat{\mathrm{Ex}} \right| / \sqrt{-2\ln \mu_i}$。

（4）$\hat{\mathrm{En}} = \sum\limits_{i=1}^{M} w_i / M$。

（5）$\hat{\mathrm{He}} = \sqrt{\sum\limits_{i=1}^{M}(w_i - \hat{\mathrm{En}})^2 / (M-1)}$。

算法 2.5　无须确定度信息的逆向云发生器[141]。

输入：云滴 x_i，$i=1, 2, \cdots, N$。

输出：反映定性概念的数字特征（Ex，En，He）。

（1）根据 x_i 计算这组数据的样本均值 $\bar{X} = \dfrac{1}{N}\sum\limits_{i=1}^{N} x_i$，一阶样本绝对中心矩 $\dfrac{1}{N}\sum\limits_{i=1}^{N}|x_i - \bar{X}|$，样本方差 $S^2 = \dfrac{1}{N-1}\sum\limits_{i=1}^{N}(x_i - \bar{X})^2$。

（2）$\hat{E}x = \bar{X}$。

（3）$\hat{E}n = \sqrt{\dfrac{\pi}{2}} \cdot \dfrac{1}{N}\sum\limits_{i=1}^{N}|x_i - \hat{E}x|$。

（4）$\hat{H}e = \sqrt{S^2 - \hat{E}n^2}$。

2.3.1 一种新的逆向云算法

下面，我们首先从统计学的角度分析上述两种逆向云算法。

设总体 X 的概率密度函数是 $f_X(x)$；$X_1, \cdots, X_N$ 是来自总体 X 的一个样本，据式（2-5）有

$$E(X_i) = \text{Ex} \quad (i=1, \cdots, N)$$

$$E(\bar{X}) = E\left(\dfrac{X_1 + \cdots + X_N}{N}\right) = \text{Ex}$$

算法 2.5 中就采用一阶矩估计 $\hat{E}x = \bar{X}$ 作为 Ex 的无偏估计。

文献[139]中指出，用求平均值的方法来估计 Ex 的精度不高，而从上面的算法中，我们可以知道 $\hat{E}x$ 的精度对 $\hat{E}n$ 和 $\hat{H}e$ 的精度起决定性作用。考虑到正态云的分布特性，故可以基于最小二乘法用云期望曲线方程

$$y = e^{-\frac{(x-\mathrm{Ex})^2}{2(\mathrm{En})^2}}$$

来拟合云滴图,从而得到 Ex 的估计值。一阶矩估计只利用了云滴的 x 坐标值,这种方法还充分利用了云滴的确定度,并且由于正态云的对称特性,也使得该方法更精确。

据式(2-3)有

$$|W_i| = \begin{cases} |X_i - \mathrm{Ex}|\big/\sqrt{-2\ln\mu_i}, & 0 < \mu_i < 1 \\ 0, & \mu_i = 1 \end{cases}$$

若 Ex 未知,只能得到 $|W_i|$ 的近似值,即

$$|W_i'| = \begin{cases} |X_i - \bar{X}|\big/\sqrt{-2\ln\mu_i}, & 0 < \mu_i < 1 \\ 0, & \mu_i = 1 \end{cases}$$

显然,逆向云算法的精度与 He/En 的大小有很大的关系[139]。据文献[147]可知,当 En-3He<0,即 He/En>1/3 时,算法 2.1 中产生的 W_i 为负值的概率大于 0.0015;当 En-2He<0,即 He/En>1/2 时,W_i 为负值的概率大于 0.0225;当 En-He<0,即 He/En>1 时,W_i 为负值的概率大于 0.156。由于 W_i 为负值的概率随 He/En 的值的变大而变大,而算法 2.4 中步骤 3 相当于把算法 2.1 中产生的 W_i 绝对值化了,因而当 He/En 大到某一阈值时,该算法对 En 和 He 估计的均方误差(Mean Square Error,MSE)必然增大。

记 $Z_i = W_i^2$、$Z_i' = W_i'^2$($i=1, \cdots, N$),则有

$$Z_i = \begin{cases} -(X_i - \mathrm{Ex})^2 \big/ (2\ln\mu_i), & 0 < \mu_i < 1 \\ 0, & \mu_i = 1 \end{cases}$$

$$Z_i' = \begin{cases} -(X_i - \bar{X})^2 / (2\ln\mu_i), & 0 < \mu_i < 1 \\ 0, & \mu_i = 1 \end{cases}$$

这样就可能产生误差

$$\Delta = Z_i - Z_i'$$
$$= \begin{cases} \dfrac{(\text{Ex} - \hat{\text{Ex}})(\text{Ex} - X_i + \hat{\text{Ex}} - X_i)}{-2\ln\mu_i}, & 0 < \mu_i < 1 \\ 0, & \mu_i = 1 \end{cases}$$

显然,当 $\mu_i \to 1$ 时 $\ln\mu_i \to 0$,使得 $\Delta \to \infty$。

这样,我们就必须舍弃一些确定度很大的云滴。据式(2-7)可以算出 $P(y>0.999)=0.035$。因此,当我们去掉确定度大于 0.999 的云滴后,仍然有 96.5% 的云滴。这样,既解决了估计误差过大的问题,又能继续运算。

实际中,我们可能遇到某概念的期望已知的情形,如一维数轴上"坐标原点附近"(Ex=0)。当 Ex 已知时,可分别应用样本均值

$$\bar{Z} = \frac{Z_1 + \cdots + Z_N}{N}$$

和样本方差

$$S^2 = \frac{1}{N-1} \sum_{i=1}^{N} (Z_i - \bar{Z})^2$$

来估计 $E(Z)$ 和 $D(Z)$,据式(2-8)和式(2-9)可得

$$\hat{E}n = (\bar{Z}^2 - S^2/2)^{\frac{1}{4}} \tag{2-10}$$

$$\hat{H}e = (\bar{Z} - (\bar{Z}^2 - S^2/2)^{\frac{1}{2}})^{\frac{1}{2}} \tag{2-11}$$

一般情形下,我们是不知道 Ex 的,此时式(2-10)和式(2-11)中的 Z_i 应换

成 Z'_i。

根据文献[71]，$\hat{E}n$、$\hat{H}e$ 分别是 En、He 的渐近正态无偏估计。因为 $\bar{Z}^2 - S^2/2$ 是 $E(Z)^2 - D(Z)/2$ 的相合估计，又 $E(Z)^2 - D(Z)/2 = En^4 > 0$，从而 $\exists \varepsilon_0 = En^4/2 > 0$，有 $P(|\bar{Z}^2 - S^2/2 - En^4| \leqslant En^4/2) \to 1$，$N \to \infty$。故当 N 充分大时，$\bar{Z}^2 - S^2/2$ 以接近 1 的概率大于 0。

此外，可以应用统计量偏度

$$g_1 = \frac{1}{S_0^3} \sum_{i=1}^{N} (|W_i| - \sum_{i=1}^{N} |W_i|/N)^2$$

和峰度

$$g_2 = \frac{1}{S_0^4} \sum_{i=1}^{N} (|W_i| - \sum_{i=1}^{N} |W_i|/N)^4$$

来表示 $|W|$ 的分布形状，其中：

$$S_0 = \left[\frac{1}{N-1} \sum_{i=1}^{N} (|W_i| - \sum_{i=1}^{N} |W_i|/N)^2 \right]^{\frac{1}{2}}$$

基于以上统计分析，可构造一种新的逆向云算法，将一定数量的精确数据定量值有效转换为以数字特征（Ex，En，He）表示的定性概念，下面为具体的算法。

算法 2.6 新的逆向云发生器。

输入：云滴 x_i 及其确定度 μ_i，$i=1, 2, \cdots, N$。

输出：反映定性概念的数字特征（Ex，En，He）。

算法步骤：

(1)由已知云滴用最小二乘法拟合云期望曲线方程 $y=\mathrm{e}^{-\frac{(x-\mathrm{Ex})^2}{2(\mathrm{En})^2}}$，可得 Ex 的估计值 $\hat{\mathrm{E}}\mathrm{x}$。

(2)若 $0<\mu_i<1$，计算 $z_i=-(x_i-\hat{\mathrm{E}}\mathrm{x})^2/(2\ln\mu_i)$，若 $\mu_i=1$，$z_i=0$，$i=1$，2，…，N。

(3)计算 $\bar{z}=\dfrac{z_1+\cdots+z_N}{N}$，$S^2=\dfrac{1}{N-1}\sum_{i=1}^{N}(z_i-\bar{z})^2$。

(4)计算 $\hat{\mathrm{E}}\mathrm{n}=(\bar{z}^2-S^2/2)^{\frac{1}{4}}$ 作为熵 En 的估计值。

(5)计算 $\hat{\mathrm{H}}\mathrm{e}=(\bar{z}-(\bar{z}^2-S^2/2)^{\frac{1}{2}})^{\frac{1}{2}}$ 作为超熵 He 的估计值。

注：若 Ex 已知，舍去步骤（1），且步骤（2）中 $\hat{\mathrm{E}}\mathrm{x}$ 应以 Ex 代替。若 Ex 未知，则须限制输入具有很大确定度（如 $\mu\geqslant 0.999$）的云滴，不然对超熵 He 的估计会产生较大的误差。此外，步骤（1）中 Ex、En 的拟合初始值分别设为云滴 x 值的均值和标准差。

2.3.2 逆向云算法的统计分析

无偏性是对估计量的一个重要而常见的要求。估计量（$\hat{\mathrm{E}}\mathrm{x}$，$\hat{\mathrm{E}}\mathrm{n}$，$\hat{\mathrm{H}}\mathrm{e}$）是 3 个随机变量，对于不同的样本值它们有不同的估计值，这些估计值对于数字特征（Ex，En，He）的真值一般都会有偏差，要求不出现偏差几乎是不可能的。但是，当我们大量重复使用这些估计量时，希望这些估计值的平均值等于未知参数的真值。此外，为反映估计量在其真值的邻域内波动的程度，还须计算估计量的均方误差。因此，评价一个估计量的好坏，不能仅仅依据一次实验的结果，而必须由多次实验结果来衡量。对于点估计须考虑重复模拟给出的均值（Mean）和均方误差（Mean Square Error，MSE），这是衡量不同估计方法优劣的准则。

下面利用 MATLAB 编程对上述 3 种逆向云算法中 3 个数字特征的点估计进行模拟对比实验。

模拟步骤如下：

（1）运行正向云发生器 CG(Ex，En，He，N)T 次，每次产生 N 个云滴。

（2）对每次产生的云滴群分别执行算法 2.4、算法 2.5 和算法 2.6，相应得到数字特征的点估计。

（3）计算每种算法下数字特征点估计的均值和均方误差。

不妨令 CG(Ex，En，He，N)=CG(0，1，0.05，1 000)，实验次数 T=10。

表 2-1 列出了"当 Ex 未知"和"当 Ex 已知"两种情形下，每种逆向云算法对数字特征点估计的均值和均方误差。图 2-12～图 2-14 为两种情形下 3 种算法对熵 En 和超熵 He 的 10 次估计。

表 2-1 "当 Ex 未知"和"当 Ex 已知"两种情形下，每种逆向云算法对数字特征点估计的均值和均方误差

数字特征		算法	算法 2.4	算法 2.5	算法 2.6
Ex 未知	$\hat{Ex}$	Mean	−0.000956	0.010782	−0.000956
		MSE	7.0×10^{-6}	1.1×10^{-3}	7.0×10^{-6}
	$\hat{En}$	Mean	1.000045	1.003804	1.000047
		MSE	2.6×10^{-6}	2.7×10^{-4}	2.6×10^{-6}
	$\hat{He}$	Mean	0.050766	0.090682	0.050704
		MSE	3.0×10^{-6}	3.4×10^{-3}	2.8×10^{-6}
Ex 已知	$\hat{En}$	Mean	1.000190	1.003860	1.000192
		MSE	2.0×10^{-6}	2.8×10^{-4}	2.1×10^{-6}
	$\hat{He}$	Mean	0.049762	0.076524	0.049703
		MSE	1.8×10^{-6}	3.4×10^{-3}	1.9×10^{-6}

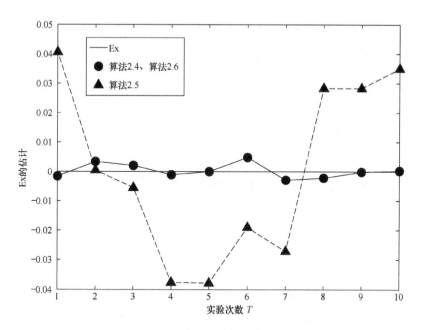

图 2-12　10 次模拟 3 种算法对 Ex 的估计

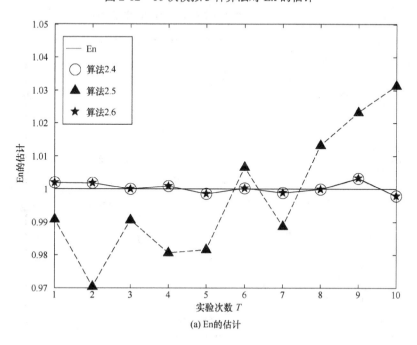

(a) En 的估计

图 2-13　当 Ex 未知时，10 次模拟 3 种算法对 En 和 He 的估计

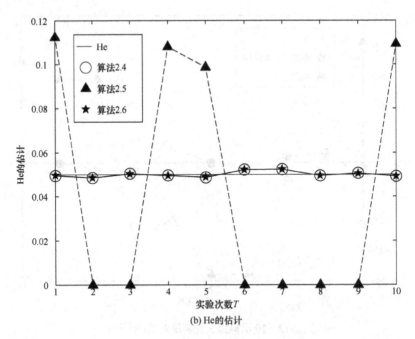

(b) He的估计

图2-13 当Ex未知时,10次模拟3种算法对En和He的估计(续)

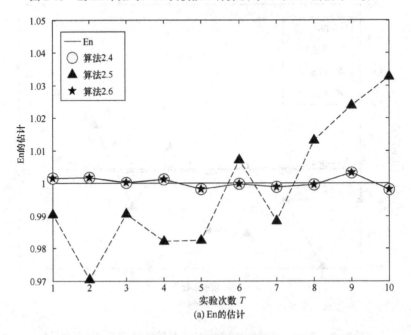

(a) En的估计

图2-14 当Ex已知时,10次模拟3种算法对En和He的估计

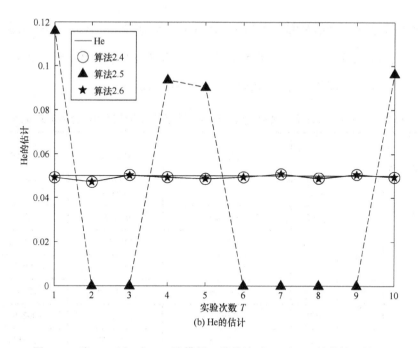

图 2-14 当 Ex 已知时,10 次模拟 3 种算法对 En 和 He 的估计(续)

对于估计量 $\hat{E}x$,算法 2.4 和算法 2.6 的最小二乘估计的均值比算法 2.4 的一阶矩估计的均值更准确,而且从图 2-12 中可以看到,一阶矩估计上下波动很大,而用最小二乘法比用一阶矩法估计 Ex 的精度提高了 2~3 个数量级。

对于估计量 $\hat{E}n$ 和 $\hat{H}e$,在两种情形下,算法 2.4 和算法 2.6 的估计准确度和精度都很高且差别很小,都比算法 2.5 的估计更准确,且精度提高了 3 个数量级。

为突出显示算法 2.6 的稳健性,不妨改 He 为 0.7,此时 He/En=0.7,实验次数 T=100,其他条件不变。表 2-2 列出了在两种情形下,每种逆向云算法对数字特征点估计的均值和均方误差。对于估计量 $\hat{E}x$,算法 2.4 和算法 2.6 的最小二乘估计的均值与算法 2.5 的一阶矩估计差别不大。但对于估计量 $\hat{E}n$ 和 $\hat{H}e$，在两种情形下，算法 2.6 比算法 2.4 和算法 2.5 的估计准确度和精度都高 1 个数量级（除了当 Ex 未知时，关于估计量 $\hat{H}e$）。

表 2-2 在两种情形下，每种逆向云算法对数字特征点估计的均值和均方误差

数字特征		算法	算法 2.4	算法 2.5	算法 2.6
Ex 未知	$\hat{E}x$	Mean	0.007892	0.004838	0.007892
		MSE	0.002027	0.001899	0.002027
	$\hat{E}n$	Mean	1.059351	1.051765	1.001624
		MSE	0.003924	0.003829	0.000583
	$\hat{H}e$	Mean	0.640959	0.625985	0.726409
		MSE	0.003928	0.007456	0.002667
Ex 已知	$\hat{E}n$	Mean	1.050254	1.050932	1.003139
		MSE	0.002813	0.003735	0.000499
	$\hat{H}e$	Mean	0.627094	0.627366	0.699289
		MSE	0.0054688	0.007281	0.000547

为了比较在不同样本量下，3 种逆向云算法对数字特征估计的收敛趋势，首先运行正向云发生器 CG(Ex，En，He，N)=CG(0，1，0.5，1 000)1 次，然后对产生的云滴群中的前 k 个云滴（k=100，200，…，N）依序分别执行算法 2.4、算法 2.5 和算法 2.6，相应得到数字特征的估计。

图 2-15～图 2-17 直观反映了在不同样本量下，3 种逆向云算法对数字特征的估计。可见，对于估计量 $\hat{E}x$，算法 2.4 和算法 2.6 的最小二乘估计比算法 2.5 的一阶矩估计收敛更快、更稳定。对于估计量 $\hat{E}n$ 和 $\hat{H}e$，在两种情形下，算法 2.6 收敛最快，也很稳定，算法 2.4 的效果次之。

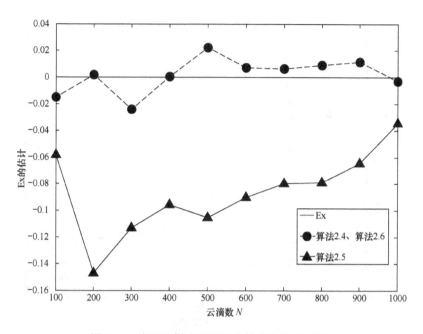

图 2-15 在不同样本量下 3 种算法对 Ex 的估计

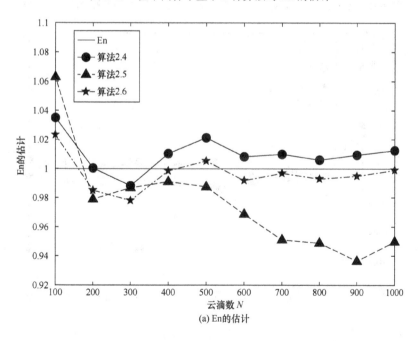

(a) En 的估计

图 2-16 当 Ex 未知时,在不同样本量下 3 种算法对 En 和 He 的估计

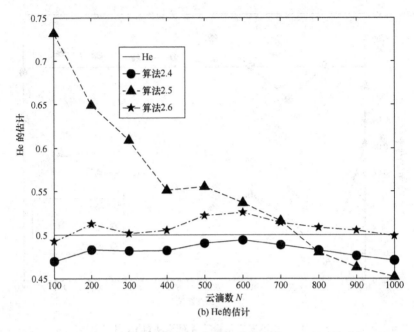

(b) He的估计

图2-16 当Ex未知时，在不同样本量下3种算法对En和He的估计（续）

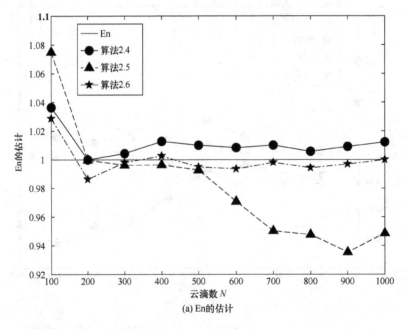

(a) En的估计

图2-17 当Ex已知时，在不同样本量下3种算法对En和He的估计

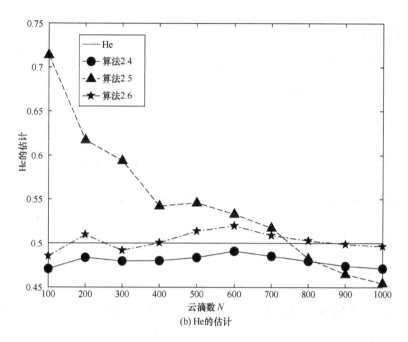

图 2-17 当 Ex 已知时，在不同样本量下 3 种算法对 En 和 He 的估计（续）

2.4 多维正态云

在现实世界中，有许多概念与两个甚至更多的属性有关，因而不能只从单一意义上来阐述。比如，说一个人胖或瘦，基于常识就应该从身高和体重两方面来衡量，矮且重的人可以算胖，但高且重的人就不一定算胖了。所以，我们在一维云基础上，引出多维云（Multivariate Cloud）的概念，来反映由多个模糊原子概念组合成的复杂模糊概念。

设多维论域的任意两维之间彼此不相关，m（>1）维云就可用期望 **Ex**=(Ex_1, …, Ex_m)、熵 **En**=(En_1, …, En_m)和超熵 **He**=(He_1, …, He_m)作为概念的数字特征，从而可描述更为复杂的定性与定量之间的转换关系。

Ex 是多维云表示的定性概念在论域中的中心值,是最能代表这个多维概念的值。En 是概念的模糊测度,它反映了该值对多维数值的可覆盖程度。He 反映了云滴的离散程度。

下面介绍多维正向正态云的具体实现算法。

算法 2.7 多维正向正态云发生器 CG(**Ex**,**En**,**He**,*N*)。

输入:数字特征(**Ex**,**En**,**He**)及产生云滴的个数 *N*。

输出:*N* 个云滴 $\boldsymbol{x}_i=(x_{i1},\cdots,x_{im})'$ 及其确定度 μ_i($i=1,\cdots,N$)。

算法步骤:

(1) 计数器 $i=1$,依次产生一个来自正态分布 $N(\text{En}_j,\text{He}_j^2)$ 的随机数 w_{ji}($j=1,\cdots,m$,下同)。

(2) 依次产生一个来自正态分布 $N(\text{Ex}_j,w_{ji}^2)$ 的随机数 x_{ji}。

(3) 计算

$$\mu_i = \exp\left\{-\frac{1}{2}\sum_{j=1}^{m}\frac{(x_{ji}-\text{Ex}_j)^2}{w_{ji}^2}\right\}$$

具有确定度 μ_i 的 $\boldsymbol{x}_i$ 成为论域 U 中的一个云滴。

(4) $i=i+1$,重复步骤(1)~(3),当 $i=N+1$ 时停止。

m 维正态云的数学期望超曲面为

$$u(x_1,\ldots,x_m) = \exp\left\{-\frac{1}{2}\sum_{i=1}^{m}\frac{(x_i-\text{Ex}_i)^2}{\text{En}_i^2}\right\}$$

多维云可以根据不同的条件来生成,在给定论域中特定的向量 *x* 的条件下，生成 x 的确定度 μ 的云发生器称为多维 X 条件云发生器；给定特定的确定度 μ 的条件下，生成向量 x 的云发生器称为多维 Y 条件云发生器。两种多维条件云发生器是运用多维云模型进行多因素不确定性推理的基础。

算法 2.8 多维 X 条件云发生器。

输入：数字特征（**Ex**，**En**，**He**），论域中的向量 x。

输出：x 的确定度 μ。

算法步骤：

（1）依次产生一个来自正态分布 $N(\text{En}_j, \text{He}_j^2)$ 的随机数 w_j（$j=1, \cdots, m$）。

（2）计算 $\mu = \exp\left\{-\frac{1}{2}\sum_{j=1}^{m}\frac{(x_j - \text{Ex}_j)^2}{w_j^2}\right\}$，令 (x, μ) 为云滴。

算法 2.9 多维 Y 条件云发生器。

输入：数字特征（**Ex**，**En**，**He**），确定度 μ。

输出：确定度为 μ 的论域中的向量 x。

算法步骤：

（1）依次产生一个来自正态分布 $N(\text{En}_j, \text{He}_j^2)$ 的随机数 w_j（$j=1, \cdots, m$）。

（2）依次产生一个来自均匀分布 $U\left(\text{Ex}_j - \sqrt{-2\ln\mu}\,w_j, \text{Ex}_j + \sqrt{-2\ln\mu}\,w_j\right)$ 的随机数 x_j（$j=1, \cdots, m-1$）。

（3）由 $\mu = \exp\left\{-\frac{1}{2}\sum_{j=1}^{m}\frac{(x_j - \text{Ex}_j)^2}{w_j^2}\right\}$ 得到

$$x_m = \mathrm{Ex}_m \pm \sqrt{-2\ln\mu - \sum_{j=1}^{m-1}\frac{(x_j-\mathrm{Ex}_j)^2}{w_j^2}}\, w_m$$

($\boldsymbol{x}$,μ) 即云滴。

上述多维 Y 条件云发生器算法中的第（3）步是先产生 $x_1,\cdots,x_{m-1}$，再计算 x_m，也可以随机产生其中任意 $m-1$ 个数值，再计算剩下的一个数值。

多维逆向正态云发生器从给定符合多维正态云分布规律的一组云滴样本 ($\boldsymbol{x}_i$,μ_i) 中，产生云所描述的多维定性概念的数字特征矩阵 (**Ex**，**En**，**He**)。

算法 2.10 多维逆向正态云发生器算法。

输入：云滴 $\boldsymbol{x}_i=(x_{i1},\cdots,x_{im})'$ 及其确定度 μ_i ($i=1,\cdots,N$)。

输出：反映定性概念的数字特征 (**Ex**，**En**，**He**)。

（1）计算 $\overline{X}=\dfrac{1}{N}\sum_{i=1}^{N}\boldsymbol{x}_i$ 作为 **Ex** 的估计。

（2）计算样本标准差 $\boldsymbol{S}=\sqrt{\dfrac{1}{N-1}\sum_{i=1}^{N}(\boldsymbol{x}_i-\overline{X})^2}$ 作为 **En** 的估计。

（3）对于第 j 维分量，从样本中选取满足条件 $x_{ij}\neq\hat{E}x_j$ 且 $|x_{il}-\hat{E}x_l|<0.05\cdot\hat{E}n_l$（$l\neq j; l=1,\cdots,m$）的所有云滴，计算 $w_{ij}=\sqrt{\dfrac{-(x_{ij}-\hat{E}x_j)^2}{2\ln\mu_i}}$ 后并求其标准差作为 He_j（$j=1,\cdots,m$）的估计。

算法的第（3）步中选择样本的目的是降维后再分别根据一维逆向云算法估计各维的超熵，由此也可以看出，多维逆向云发生器需要很多的云滴样本。

2.5 广义正态云模型

文献[151-154]基于概率统计理论分析了具有多重迭代的广义正态分布和一维 p 阶正态云的性质。但是积分有什么意义？迭代积分的积分顺序如何改变？到目前为止，没有文献考虑这些因素。下面基于概率和实变量函数理论，比较严谨地分析具有多重迭代的广义正态分布和广义正态云模型的性质。这将有利于云模型理论的进一步发展和广泛应用。

2.5.1 广义正态分布和广义正态云模型的定义

下面介绍具有多重迭代的广义正态分布和广义正态云的定义和严谨的数学分析[155]。

定义 2.3 正态随机变量 $X_1 \sim N(\mu_1, \sigma^2)$，$X_1$ 的概率密度函数为

$$f_{X_1}(x_1) = \frac{1}{\sqrt{2\pi}\sigma} e^{-\frac{(x_1-\mu_1)^2}{2\sigma^2}}$$

当 $X_{i-1} = x_{i-1} (\neq 0)$ 时，有

$$X_i \mid X_{i-1} = x_{i-1} \sim N(\mu_i, x_{i-1}^2)$$

条件概率密度函数

$$f_{X_i|X_{i-1}}(x_i|x_{i-1}) = \frac{1}{\sqrt{2\pi}|x_{i-1}|} e^{-\frac{(x_i-\mu_i)^2}{2x_{i-1}^2}}$$

式中，$i=2, \cdots, p$；X_p 是 p 重迭代的广义正态分布。

定义 2.4 假设 U 是一维定量论域，C 是 U 上的定性概念，包含 $p+1$ 个数值特征值：Ex, En_{p-1}, $\cdots$, En_1, He。x_p 由定义在 U 上的随机变量 X_p 生成；

X_p 遵循 p 重迭代的广义正态分布。$\mu(x_p)$（$\in[0,1]$）是 X_p 属于 C 的确定性程度，对应于一个具有稳定趋势的随机数。那么，X_p 在 U 中的分布可以定义为一维的 p 阶正态云，即广义正态云，x_p 可以称为一个云滴。

在上述定义中，$p+1$ 数值特征值与 p 重迭代广义正态分布参数的对应关系如下：

$$\text{Ex} \leftrightarrow \mu_p, \quad \text{En}_i \leftrightarrow \mu_i, \quad i=1,\cdots,p-1, \quad \text{He} \leftrightarrow \sigma$$

当 $p=2$ 时，一维二阶正态云一般为一维正态云。

广义正态云使用 $p+1$ 个数值特征值：Ex，En_{p-1}，$\cdots$，En_1 和 He 整体表示一个概念。

2.5.2　多重迭代广义正态分布的数学分析

特别地，X_2 服从 2 重迭代的广义正态分布，X_2 的概率密度函数为

$$\begin{aligned}
f_{X_2}(x_2) &= \int_{-\infty}^{+\infty} f_{X_2,X_1}(x_2,x_1)\mathrm{d}x_1 \\
&= \int_{-\infty}^{+\infty} f_{X_2|X_1}(x_2|x_1) f_{X_1}(x_1)\mathrm{d}x_1 \\
&= \int_{-\infty}^{+\infty} \frac{1}{2\pi\sigma|x_1|} e^{-\frac{(x_2-\mu_2)^2}{2x_1^2}-\frac{(x_1-\mu_1)^2}{2\sigma^2}} \mathrm{d}x_1
\end{aligned}$$

X_3 服从 3 重迭代的广义正态分布，X_3 的概率密度函数为

$$\begin{aligned}
f_{X_3}(x_3) &= \int_{-\infty}^{+\infty} f_{X_3,X_2}(x_3,x_2)\mathrm{d}x_2 \\
&= \int_{-\infty}^{+\infty} f_{X_3|X_2}(x_3|x_2) f(x_2)\mathrm{d}x_2 \\
&= \int_{-\infty}^{+\infty} f_{X_3|X_2}(x_3|x_2)\left(\int_{-\infty}^{+\infty} f_{X_2|X_1}(x_2|x_1) f_{X_1}(x_1)\mathrm{d}x_1\right)\mathrm{d}x_2 \\
&= \int_{-\infty}^{+\infty} \frac{1}{\sqrt{2\pi}|x_2|} e^{-\frac{(x_3-\mu_3)^2}{2x_2^2}} \mathrm{d}x_2 \left(\int_{-\infty}^{+\infty} \frac{1}{\sqrt{2\pi}|x_1|} e^{-\frac{(x_2-\mu_2)^2}{2x_1^2}} \frac{1}{\sqrt{2\pi}\sigma} e^{-\frac{(x_1-\mu_1)^2}{2\sigma^2}} \mathrm{d}x_1\right)
\end{aligned}$$

一般而言，X_p 服从 p 重迭代的广义正态分布，X_p 的概率密度函数为

$$\begin{aligned}
f_{X_p}(x_p) &= \int_{-\infty}^{+\infty} f_{X_p,X_{p-1}}(x_p,x_{p-1}) \mathrm{d}x_{p-1} \\
&= \int_{-\infty}^{+\infty} f_{X_p|X_{p-1}}(x_p \mid x_{p-1}) f_{X_{p-1}}(x_{p-1}) \mathrm{d}x_{p-1} \\
&= \int_{-\infty}^{+\infty} f_{X_p|X_{p-1}}(x_p \mid x_{p-1}) \mathrm{d}x_{p-1} \int_{-\infty}^{+\infty} f_{X_{p-1}|X_{p-2}}(x_{p-1} \mid x_{p-2}) \mathrm{d}x_{p-2} \cdots \\
&\quad \int_{-\infty}^{+\infty} f_{X_3|X_2}(x_3 \mid x_2) \mathrm{d}x_2 \int_{-\infty}^{+\infty} f_{X_2|X_1}(x_2 \mid x_1) f_{X_1}(x_1) \mathrm{d}x_1 \\
&= \int_{-\infty}^{+\infty} \frac{1}{\sqrt{2\pi}|x_{p-1}|} \mathrm{e}^{-\frac{(x_p-\mu_p)^2}{2x_{p-1}^2}} \mathrm{d}x_{p-1} \int_{-\infty}^{+\infty} \frac{1}{\sqrt{2\pi}|x_{p-2}|} \mathrm{e}^{-\frac{(x_{p-1}-\mu_{p-1})^2}{2x_{p-2}^2}} \mathrm{d}x_{p-2} \cdots \\
&\quad \int_{-\infty}^{+\infty} \frac{1}{\sqrt{2\pi}|x_1|} \mathrm{e}^{-\frac{(x_2-\mu_2)^2}{2x_1^2}} \frac{1}{\sqrt{2\pi}\sigma} \mathrm{e}^{-\frac{(x_1-\mu_1)^2}{2\sigma^2}} \mathrm{d}x_1
\end{aligned}$$

相似地，根据 Fubini 定理，在 Lebesgue 测度意义上，X_p 的二阶矩可以交换积分次序。

$$\begin{aligned}
E(X_p^2) &= \int_{-\infty}^{+\infty} x_p^2 f_{X_p}(x_p) \mathrm{d}x_p \\
&= \int_{-\infty}^{+\infty} x_p^2 \mathrm{d}x_p \int_{-\infty}^{+\infty} f_{X_p|X_{p-1}}(x_p \mid x_{p-1}) f_{X_{p-1}}(x_{p-1}) \mathrm{d}x_{p-1} \\
&= \int_{-\infty}^{+\infty} x_p^2 \mathrm{d}x_p \int_{-\infty}^{+\infty} f_{X_p|X_{p-1}}(x_p \mid x_{p-1}) \mathrm{d}x_{p-1} \int_{-\infty}^{+\infty} f_{X_{p-1}|X_{p-2}}(x_{p-1} \mid x_{p-2}) \mathrm{d}x_{p-2} \cdots \\
&\quad \int_{-\infty}^{+\infty} f_{X_3|X_2}(x_3 \mid x_2) \mathrm{d}x_2 \int_{-\infty}^{+\infty} f_{X_2|X_1}(x_2 \mid x_1) f_{X_1}(x_1) \mathrm{d}x_1 \\
&= \int_{-\infty}^{+\infty} f_{X_1}(x_1) \mathrm{d}x_1 \int_{-\infty}^{+\infty} f_{X_2|X_1}(x_2 \mid x_1) \mathrm{d}x_2 \cdots \int_{-\infty}^{+\infty} f_{X_{p-1}|X_{p-2}}(x_{p-1} \mid x_{p-2}) \mathrm{d}x_{p-1} \\
&\quad \int_{-\infty}^{+\infty} x_p^2 f_{X_p|X_{p-1}}(x_p \mid x_{p-1}) \mathrm{d}x_p \\
&= \int_{-\infty}^{+\infty} \frac{1}{\sqrt{2\pi}\sigma} \mathrm{e}^{-\frac{(x_1-\mu_1)^2}{2\sigma^2}} \mathrm{d}x_1 \cdots \int_{-\infty}^{+\infty} \frac{1}{\sqrt{2\pi}|x_{p-2}|} \mathrm{e}^{-\frac{(x_{p-1}-\mu_{p-1})^2}{2x_{p-2}^2}} \mathrm{d}x_{p-1} \\
&\quad \int_{-\infty}^{+\infty} \frac{x_p^2}{\sqrt{2\pi}|x_{p-1}|} \mathrm{e}^{-\frac{(x_p-\mu_p)^2}{2x_{p-1}^2}} \mathrm{d}x_p
\end{aligned}$$

$$= \int_{-\infty}^{+\infty} \frac{1}{\sqrt{2\pi}\sigma} e^{-\frac{(x_1-\mu_1)^2}{2\sigma^2}} dx_1 \cdots \int_{-\infty}^{+\infty} \frac{x_{p-1}^2 + \mu_p^2}{\sqrt{2\pi}|x_{p-2}|} e^{-\frac{(x_{p-1}-\mu_{p-1})^2}{2x_{p-2}^2}} dx_{p-1}$$

$$= E(X_{p-1}^2) + \mu_p^2$$

$$= \sum_{i=1}^{p} \mu_i^2 + \sigma^2$$

X_p 的方差为

$$D(X_p) = E(X_p^2) - \left[E(X_p)\right]^2 = \sum_{i=1}^{p-1} \mu_i^2 + \sigma^2$$

X_p 的三阶矩为

$$E(X_p^3) = \int_{-\infty}^{+\infty} x_p^3 f_{X_p}(x_p) dx_p$$

$$= \int_{-\infty}^{+\infty} f_{X_1}(x_1) dx_1 \int_{-\infty}^{+\infty} f_{X_2|X_1}(x_2 | x_1) dx_2 \cdots \int_{-\infty}^{+\infty} f_{X_{p-1}|X_{p-2}}(x_{p-1} | x_{p-2}) dx_{p-1}$$

$$\int_{-\infty}^{+\infty} x_p^3 f_{X_p|X_{p-1}}(x_p | x_{p-1}) dx_p$$

$$= \int_{-\infty}^{+\infty} \frac{1}{\sqrt{2\pi}\sigma} e^{-\frac{(x_1-\mu_1)^2}{2\sigma^2}} dx_1 \cdots \int_{-\infty}^{+\infty} \frac{1}{\sqrt{2\pi}|x_{p-2}|} e^{-\frac{(x_{p-1}-\mu_{p-1})^2}{2x_{p-2}^2}} dx_{p-1}$$

$$\int_{-\infty}^{+\infty} \frac{x_p^3}{\sqrt{2\pi}|x_{p-1}|} e^{-\frac{(x_p-\mu_p)^2}{2x_{p-1}^2}} dx_p$$

$$= \int_{-\infty}^{+\infty} \frac{1}{\sqrt{2\pi}\sigma} e^{-\frac{(x_1-\mu_1)^2}{2\sigma^2}} dx_1 \cdots \int_{-\infty}^{+\infty} \frac{3\mu_p x_{p-1}^2 + \mu_p^3}{\sqrt{2\pi}|x_{p-2}|} e^{-\frac{(x_{p-1}-\mu_{p-1})^2}{2x_{p-2}^2}} dx_{p-1}$$

$$= 3\mu_p E(X_{p-1}^2) + \mu_p^3$$

$$= \mu_p^3 + 3\mu_p \left(\sum_{i=1}^{p-1} \mu_i^2 + \sigma^2\right)$$

X_p 的三阶中心矩为

$$E\left[(X_p - \mu_p)^3\right] = \int_{-\infty}^{+\infty} (x_p - \mu_p)^3 f_{X_p}(x_p) \mathrm{d}x_p$$

$$= \int_{-\infty}^{+\infty} f_{X_1}(x_1) \mathrm{d}x_1 \int_{-\infty}^{+\infty} f_{X_2|X_1}(x_2 \mid x_1) \mathrm{d}x_2 \cdots$$

$$\int_{-\infty}^{+\infty} f_{X_{p-1}|X_{p-2}}(x_{p-1} \mid x_{p-2}) \mathrm{d}x_{p-1} \int_{-\infty}^{+\infty} (x_p - \mu_p)^3 f_{X_p|X_{p-1}}(x_p \mid x_{p-1}) \mathrm{d}x_p$$

$$= \int_{-\infty}^{+\infty} \frac{1}{\sqrt{2\pi}\sigma} \mathrm{e}^{-\frac{(x_1-\mu_1)^2}{2\sigma^2}} \mathrm{d}x_1 \cdots$$

$$\int_{-\infty}^{+\infty} \frac{1}{\sqrt{2\pi}|x_{p-2}|} \mathrm{e}^{-\frac{(x_{p-1}-\mu_{p-1})^2}{2x_{p-2}^2}} \mathrm{d}x_{p-1} \int_{-\infty}^{+\infty} \frac{(x_p - \mu_p)^3}{\sqrt{2\pi}|x_{p-1}|} \mathrm{e}^{-\frac{(x_p-\mu_p)^2}{2x_{p-1}^2}} \mathrm{d}x_p$$

$$= 0$$

X_p 的四阶矩为

$$E(X_p^4) = \int_{-\infty}^{+\infty} x_p^4 f_{X_p}(x_p) \mathrm{d}x_p$$

$$= \int_{-\infty}^{+\infty} f_{X_1}(x_1) \mathrm{d}x_1 \int_{-\infty}^{+\infty} f_{X_2|X_1}(x_2 \mid x_1) \mathrm{d}x_2 \cdots$$

$$\int_{-\infty}^{+\infty} f_{X_{p-1}|X_{p-2}}(x_{p-1} \mid x_{p-2}) \mathrm{d}x_{p-1} \int_{-\infty}^{+\infty} x_p^4 f_{X_p|X_{p-1}}(x_p \mid x_{p-1}) \mathrm{d}x_p$$

$$= \int_{-\infty}^{+\infty} \frac{1}{\sqrt{2\pi}\sigma} \mathrm{e}^{-\frac{(x_1-\mu_1)^2}{2\sigma^2}} \mathrm{d}x_1 \cdots$$

$$\int_{-\infty}^{+\infty} \frac{1}{\sqrt{2\pi}|x_{p-2}|} \mathrm{e}^{-\frac{(x_{p-1}-\mu_{p-1})^2}{2x_{p-2}^2}} \mathrm{d}x_{p-1} \int_{-\infty}^{+\infty} \frac{x_p^4}{\sqrt{2\pi}|x_{p-1}|} \mathrm{e}^{-\frac{(x_p-\mu_p)^2}{2x_{p-1}^2}} \mathrm{d}x_p$$

$$= \int_{-\infty}^{+\infty} \frac{1}{\sqrt{2\pi}\sigma} \mathrm{e}^{-\frac{(x_1-\mu_1)^2}{2\sigma^2}} \mathrm{d}x_1 \cdots \int_{-\infty}^{+\infty} \frac{3x_{p-1}^4 + 6\mu_p^2 x_{p-1}^2 + \mu_p^4}{\sqrt{2\pi}|x_{p-2}|} \mathrm{e}^{-\frac{(x_{p-1}-\mu_{p-1})^2}{2x_{p-2}^2}} \mathrm{d}x_{p-1}$$

$$= 3E(X_{p-1}^4) + 6\mu_p^2 E(X_{p-1}^2) + \mu_p^4$$

$$= 3E(X_{p-1}^4) + \mu_p^4 + 6\mu_p^2 \left(\sum_{i=1}^{p-1} \mu_i^2 + \sigma^2\right)$$

因为 $E(X_1^4) = \mu_1^4 + 6\mu_1^2\sigma^2 + 3\sigma^4$,

$$E(X_p^4) = 3^p \sigma^4 + 6\sum_{i=1}^{p} 3^{p-i} \mu_i^2 \sigma^2 + 6\sum_{i=2}^{p}\sum_{j=1}^{i-1} 3^{p-i} \mu_i^2 \mu_j^2 + \sum_{i=1}^{p} 3^{p-i} \mu_i^4$$

X_p 的四阶中心矩为

$$E\left[(X_p - \mu_p)^4\right] = \int_{-\infty}^{+\infty} (x_p - \mu_p)^4 f_{X_p}(x_p) \mathrm{d}x_p$$

$$= \int_{-\infty}^{+\infty} f_{X_1}(x_1) \mathrm{d}x_1 \int_{-\infty}^{+\infty} f_{X_2|X_1}(x_2 \mid x_1) \mathrm{d}x_2 \cdots$$

$$\int_{-\infty}^{+\infty} f_{X_{p-1}|X_{p-2}}(x_{p-1} \mid x_{p-2}) \mathrm{d}x_{p-1} \int_{-\infty}^{+\infty} (x_p - \mu_p)^4 f_{X_p|X_{p-1}}(x_p \mid x_{p-1}) \mathrm{d}x_p$$

$$= \int_{-\infty}^{+\infty} \frac{1}{\sqrt{2\pi}\sigma} e^{-\frac{(x_1 - \mu_1)^2}{2\sigma^2}} \mathrm{d}x_1 \cdots$$

$$\int_{-\infty}^{+\infty} \frac{1}{\sqrt{2\pi}|x_{p-2}|} e^{-\frac{(x_{p-1} - \mu_{p-1})^2}{2x_{p-2}^2}} \mathrm{d}x_{p-1} \int_{-\infty}^{+\infty} \frac{(x_p - \mu_p)^4}{\sqrt{2\pi}|x_{p-1}|} e^{-\frac{(x_p - \mu_p)^2}{2x_{p-1}^2}} \mathrm{d}x_p$$

$$= \int_{-\infty}^{+\infty} \frac{1}{\sqrt{2\pi}\sigma} e^{-\frac{(x_1 - \mu_1)^2}{2\sigma^2}} \mathrm{d}x_1 \cdots \int_{-\infty}^{+\infty} \frac{3x_{p-1}^4}{\sqrt{2\pi}|x_{p-2}|} e^{-\frac{(x_{p-1} - \mu_{p-1})^2}{2x_{p-2}^2}} \mathrm{d}x_{p-1}$$

$$= 3E(X_{p-1}^4)$$

$$= 3^p \sigma^4 + 6\sum_{i=1}^{p-1} 3^{p-i} \mu_i^2 \sigma^2 + 6\sum_{i=2}^{p-1}\sum_{j=1}^{i-1} 3^{p-i} \mu_i^2 \mu_j^2 + \sum_{i=1}^{p-1} 3^{p-i} \mu_i^4$$

X_p 的峰度为

$$K(X_p) = E\left[(X_p - \mu_p)^4\right] \Big/ \left[D(X_p)\right]^2 - 3$$

$$= \frac{3^p \sigma^4 + 6\sum_{i=1}^{p-1} 3^{p-i} \mu_i^2 \sigma^2 + 6\sum_{i=2}^{p-1}\sum_{j=1}^{i-1} 3^{p-i} \mu_i^2 \mu_j^2 + \sum_{i=1}^{p-1} 3^{p-i} \mu_i^4}{\left(\sum_{i=1}^{p-1} \mu_i^2 + \sigma^2\right)^2} - 3$$

$$= 3^p \frac{1 + 6\sum_{i=1}^{p-1} 3^{-i}\left(\frac{\mu_i}{\sigma}\right)^2 + 6\sum_{i=2}^{p-1}\sum_{j=1}^{i-1} 3^{-i}\left(\frac{\mu_i}{\sigma}\right)^2\left(\frac{\mu_j}{\sigma}\right)^2 + \sum_{i=1}^{p-1} 3^{-i}\left(\frac{\mu_i}{\sigma}\right)^4}{\left(\sum_{i=1}^{p-1}\left(\frac{\mu_i}{\sigma}\right)^2 + 1\right)^2} - 3$$

$$= 3^p \frac{1 + 6\sum_{i=1}^{p-1} 3^{-i} k_i^2 + 6\sum_{i=2}^{p-1}\sum_{j=1}^{i-1} 3^{-i} k_i^2 k_j^2 + \sum_{i=1}^{p-1} 3^{-i} k_i^4}{\left(\sum_{i=1}^{p-1} k_i^2 + 1\right)^2} - 3$$

式中，$k_i = \dfrac{\mu_i}{\sigma}$。

特别地，X_2的峰度为

$$K(X_2) = E\left[(X_2 - \mu_2)^4\right]/[D(X_2)]^2 - 3$$

$$= \frac{3\mu_1^4 + 18\mu_1^2\sigma^2 + 9\sigma^4}{\left(\mu_1^2 + \sigma^2\right)^2} - 3$$

因此，$C(\text{Ex},\text{En},\text{He})$的峰度为

$$K(X) = E\left[(X - \text{Ex})^4\right]/[D(X)]^2 - 3$$

$$= \frac{3\text{En}^4 + 18\text{En}^2\text{He}^2 + 9\text{He}^4}{\left(\text{En}^2 + \text{He}^2\right)^2} - 3$$

$$= \frac{3 + 18\lambda^2 + 9\lambda^4}{\left(1 + \lambda^2\right)^2} - 3$$

$$= 6\left(1 - \frac{1}{\left(1 + \lambda^2\right)^2}\right)$$

式中，$\lambda = \text{He}/\text{En}$，显然 $0 \leqslant K(X) \leqslant 6$。

2.6 云运算与词计算

在传统意义上，"计算"仅涉及数与符号的运算。近30年来，计算一词的含义大大丰富了，在很多地方，计算机科学系（Computer Department）被改成了计算科学系（Department of Computing），人们把图像处理、规划和优化、辅助决策、知识发现等都看成计算。然而，人类在进行思考、判断、推理时主要是以语言为载体的，人类更擅长利用概念、语言值进行计算与推理。语言通常具有很粗的"粒度"，如"软件可靠性很高"，其中"很高"这个词

就比较笼统，也就是说，其粒度很粗。

1965年，美国自动控制专家扎德（L. A. Zadeh）提出模糊集合的概念后，出现了许多模糊集运算和模糊数运算的方法。1996年，扎德又进一步提出了"词计算"（Computing with Words）的思想。词计算就是用概念、语言值或单词取代数值进行计算和推理的方法，它更强调自然语言在人类智能中的作用，更强调概念、语言值和单词中不确定性的处理方法。

狭义的词计算是指利用通常意义上的数学概念和运算，诸如加、减、乘、除等构造的带有不确定或模糊值的词计算的数学体系，借助模糊逻辑概念和经典的群、环、域代数结构，构造出以词为定义域的类似结构。广义的模糊词计算指用词进行推理，用词构建原型系统和编程等。

扎德提出的词计算主要基于模糊集合处理的不确定性，云模型作为定性概念与定量表示之间的不确定转换模型，是表示自然语言值的随机性、模糊性及其关联性的一种方法。因此，探讨基于云的词计算是必然的趋势。

基于云的词计算包括代数运算、逻辑运算和语气运算。云运算的结果可以看作某个不同粒度的新词，也就是一个子概念或者复合概念。

2.6.1 代数运算

给定属于同一个论域 U 上的云 $C_1(Ex_1, En_1, He_1)$、$C_2(Ex_2, En_2, He_2)$，令 C_1 与 C_2 代数运算的结果为 $C(Ex, En, He)$，C_1 与 C_2 之间的代数运算可以定义如下。

加法：

$$Ex = Ex_1 + Ex_2, \quad En = \sqrt{En_1^2 + En_2^2}, \quad He = \sqrt{He_1^2 + He_2^2}$$

减法：

$$Ex = Ex_1 - Ex_2, \quad En = \sqrt{En_1^2 + En_2^2}, \quad He = \sqrt{He_1^2 + He_2^2}$$

乘法：

$$Ex = Ex_1 Ex_2$$

$$En = |Ex_1 Ex_2| \times \sqrt{\left(\frac{En_1}{Ex_1}\right)^2 + \left(\frac{En_2}{Ex_2}\right)^2}, \quad 或 \quad En = \sqrt{(Ex_2 En_1)^2 + (Ex_1 En_2)^2}$$

$$He = |Ex_1 Ex_2| \times \sqrt{\left(\frac{He_1}{Ex_1}\right)^2 + \left(\frac{He_2}{Ex_2}\right)^2}, \quad 或 \quad He = \sqrt{(Ex_2 He_1)^2 + (Ex_1 He_2)^2}$$

除法：

$$Ex = \frac{Ex_1}{Ex_2}$$

$$En = \left|\frac{Ex_1}{Ex_2}\right| \times \sqrt{\left(\frac{En_1}{Ex_1}\right)^2 + \left(\frac{En_2}{Ex_2}\right)^2}, \quad 或 \quad En = \sqrt{\left(\frac{En_1}{Ex_2}\right)^2 + \left(\frac{Ex_1 En_2}{Ex_2^2}\right)^2}$$

$$He = \left|\frac{Ex_1}{Ex_2}\right| \times \sqrt{\left(\frac{He_1}{Ex_1}\right)^2 + \left(\frac{He_2}{Ex_2}\right)^2}, \quad 或 \quad He = \sqrt{\left(\frac{He_1}{Ex_2}\right)^2 + \left(\frac{Ex_1 He_2}{Ex_2^2}\right)^2}$$

特别地，当其中一个云的熵和超熵均为 0 时，其代数运算则成为云与精确数值的运算。即对于任意实数 k、云 $C(Ex, En, He)$，有

$$k \pm C(Ex, En, He) = C(k \pm Ex, En, He)$$

$$k \times C(Ex, En, He) = C(k \times Ex, |k| \times En, |k| \times He)$$

云的代数运算具有如下性质。

（1）云的加法、乘法运算满足交换律和结合律。

交换律：$A+B=B+A$，$AB=BA$。

结合律：$(A+B)+C=A+(B+C)$，$(AB)C=A(BC)$。

（2）通常，云的代数运算会使不确定度增加。但是，云与精确数值的加减运算没有改变不确定度。由此可知，$A+B=C$ 不能推出 $C-B=A$，$AB=C$ 不能推出 $C/B=A$。

2.6.2 云的代数运算的统计算法

关于云的代数运算，下面我们尝试从统计学的角度提出一种简单的算法。

由于样本的不确定性，对于云 $C(Ex, En, He)$，若用正向云发生器 $CG(Ex, En, He, N)$ 产生 N 个云滴，再利用逆向云发生器来得到云的 3 个数字特征的估计，都难免存在一定的误差。事实上，我们得到的云 $C(Ex, En, He)$ 本身就源于统计，也就不可避免地带有随机性。因此，对于云的代数运算，我们就不应强求用 3 个唯一的数字特征来表示运算的结果，但必须保证运算后的结果具有一定的精度和收敛性。理论上，表征某个定性概念的云是由无限多个云滴组合而成的，而实际上我们只用有限个云滴的组合来表征云的整体形状，每个云滴就是这个定性概念在数量上的一次具体实现，这种实现带有不确定性。那么，是否可以通过一个个云滴上的数学运算来实现云的概念运算呢？

设云 $C(Ex, En, He)$ 的论域 $U=\mathbf{R}$，为方便分析，限定 En 和 He 都大于 0，$En \leq |Ex|/3$，满足上述条件的云的全体记为 $\tilde{R}$。

我们认为，具有相同确定度的云滴之间的任何代数运算都不会增加得到的云滴的确定度。因此，对于两个云之间的代数运算"*"，首先，我们可以利用正向云发生器和 Y 条件云发生器产生两组相同数量的云滴，且一一对应的云滴具有相同的确定度；其次，具有相同确定度的云滴之间进行数学上的代数运算，得到的云滴的确定度保持不变；最后，利用逆向云发生器把运算后得到的所有云滴还原成一个用 3 个数字特征表示的云。下面，给出具体算法步骤。

算法 2.11 云的代数运算"*"的统计算法。

输入：$\forall C_1(Ex_1, En_1, He_1)$、$C_2(Ex_2, En_2, He_2) \in \tilde{R}$。

输出：$C_0(Ex_0, En_0, He_0)$。

算法步骤：

（1）$Ex_0 = Ex_1 * Ex_2$。

（2）利用正向云发生器 $CG(Ex_1, En_1, He_1, N)$ 产生云滴 x_{1i} 及其确定度 μ_i（$i=1, \cdots, N$），下同。

（3）对于 μ_i，使用 Y 条件云发生器 $CG(Ex_2, En_2, He_2)$，产生云滴 x_{2i}。

（4）计算 $x_{0i} = x_{1i} * x_{2i}$。

（5）对云滴 x_{0i} 及其确定度 μ_i，使用逆向云发生器 CG^{-1} 得到 En_0 和 He_0。

注：步骤（3）中云滴 x_{2i} 有两个值，对于运算"+"和"×"，若 $x_{1i} \leq Ex_1$，x_{2i} 取不大于 Ex_2 的值，若 $x_{1i} > Ex_1$，x_{2i} 取不小于 Ex_2 的值；对于运算"-"和"/"，若 $x_{1i} \leq Ex_1$，x_{2i} 取不小于 Ex_2 的值，若 $x_{1i} > Ex_1$，x_{2i} 取不大于 Ex_2 的值（这样做的目的是使得运算后所得的云滴散布最广泛，且能保持近似对称的形式）；此外，该算法也须筛选出落在 $[Ex-3En, Ex+3En]$ 内的云滴，这是因为对于某一定性知识，其相应的云对象中位于 $[Ex-3En, Ex+3En]$ 外的元素均可忽略。

一般地，该统计算法可以很容易地拓展到多个云的组合运算，这样对于复杂的云运算就转换为云滴运算或实数运算了。该统计算法得到的运算结果 Ex_0 是确定的，而 En_0 和 He_0 都带有一定的随机性，但只要保证多次运算得到的 En_0 和 He_0 具有一定的精度，也就是说每次运算后结果波动很小，我们可用样本的标准差与样本的均值的比例，即相对标准偏差（Relative Standard

Deviation,RSD）作为衡量精度高低的指标；另外，还要求随着云滴数 N 的增加，En_0 和 He_0 是收敛的，也就是说，En_0 和 He_0 的 RSD 是趋于 0 的，这样就保证了可根据精度要求来确定相应的 N 的值。

首先，我们分析云滴数不同时，多次"加法""减法""乘法""除法"运算得到 En_0 和 He_0 的精度。

为反映参数的差异对运算结果的影响，选择了 4 组不同的云 C_1 和云 C_2，如表 2-3 所示。其中，第一组的两个云，仅期望不同；第二组的两个云的数字特征分别比第一组的两个云高 1 个数量级；第三组云 C_2 的数字特征比云 C_1 分别高 1 个数量级；第四组云 C_2 的数字特征比云 C_1 分别高 3 个数量级。

表 2-3　4 组不同的云 C_1 和云 C_2

组　数	云 C_1	云 C_2
1	$C_1(0.9,0.01,0.001)$	$C_2(0.8,0.01,0.001)$
2	$C_1(9,0.1,0.01)$	$C_2(8,0.1,0.01)$
3	$C_1(3,0.1,0.01)$	$C_2(40,1,0.1)$
4	$C_1(0.1,0.01,0.001)$	$C_2(700,10,1)$

对这 4 组不同的云进行 4 种代数运算，当云滴数 $N=500\sim6000$（以 500 为间隔）时，分别执行 100 次统计算法后，计算得到的 En_0 和 He_0 的 RSD，如图 2-18 所示。该图表明，云的代数运算的统计算法有着明显的收敛趋势，只要增加云滴数，就可以使运算结果达到设定的精度指标。En_0 比 He_0 收敛快得多，当 $N\geqslant500$ 时，En_0 的 RSD 小于 0.005；当 $N\geqslant1000$ 时，He_0 的 RSD 小于 0.025；当 $N\geqslant1500$ 时，He_0 的 RSD 小于 0.02；当 $N\geqslant3000$ 时，He_0 的 RSD 小于 0.015；当 $N\geqslant6000$ 时，He_0 的 RSD 小于 0.01。当然，上述云滴数 N 与 RSD 的关系是经验性的，但通过大量实验证明基本上是可信的。

最后，我们分析云的代数运算的统计算法的性质，及该算法与附录中定义的云的代数运算法则（以下简称法则）之间的关系。

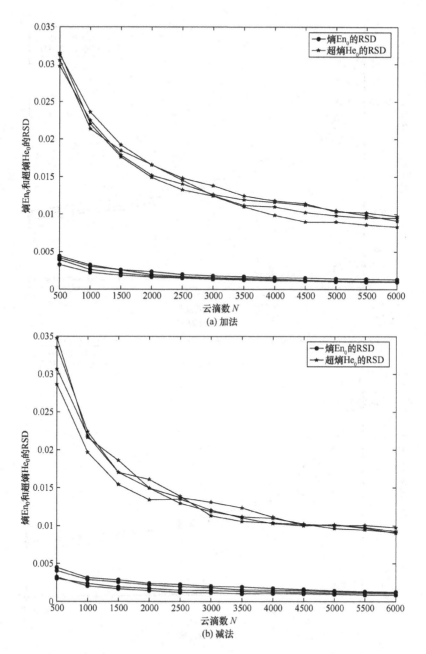

图 2-18 对 4 组不同云的 4 种代数运算，分别执行 100 次统计算法后
得到的 En_0 和 He_0 的 RSD

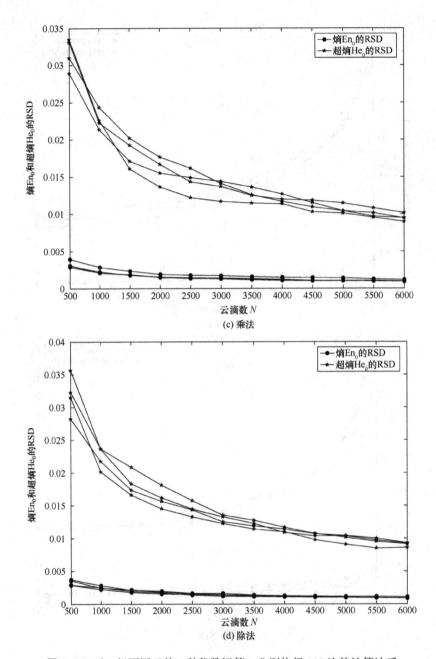

图 2-18 对 4 组不同云的 4 种代数运算，分别执行 100 次统计算法后得到的 En_0 和 He_0 的 RSD（续）

对于这 4 种代数运算,我们分别用法则和统计算法来计算,并比较、分析。仍然以这 4 组不同的云 C_1 和云 C_2 为例,若要求 En_0 和 He_0 的 RSD 都不大于 0.01,则设定云滴数 N 为 6000。对于每组云,分别执行 100 次统计算法,并对得到的 En_0 和 He_0 计算平均值(Mean)和 RSD,也计算两个云交换位置后的结果,如表 2-4~表 2-7 所示。

表 2-4 4 组不同的 C_1 和 C_2 的"加法"运算结果

4 组不同的云	加 法	En_0			He_0		
		法则	统计算法		法则	统计算法	
			Mean	RSD		Mean	RSD
$C_1(0.9,0.01,0.001)$	C_1+C_2	0.014142	0.019999	0.000843	0.001414	0.001412	0.008772
$C_2(0.8,0.01,0.001)$	C_2+C_1		0.020001	0.000891		0.001414	0.009449
$C_1(9,0.1,0.01)$	C_1+C_2	0.141421	0.199980	0.000847	0.014142	0.014121	0.009322
$C_2(8,0.1,0.01)$	C_2+C_1		0.199989	0.000824		0.014143	0.009279
$C_1(3,0.1,0.01)$	C_1+C_2	1.004987	1.100079	0.001297	0.100498	0.100542	0.008825
$C_2(40,1,0.1)$	C_2+C_1		1.100056	0.001238		0.100575	0.008973
$C_1(0.1,0.01,0.001)$	C_1+C_2	10.000004	10.00841	0.001370	1.000000	1.001033	0.008967
$C_2(700,10,1)$	C_2+C_1		10.01039	0.001247		1.000538	0.009412

表 2-5 4 组不同的 C_1 和 C_2 的"减法"运算结果

4 组不同的云	减 法	En_0			He_0		
		法则	统计算法		法则	统计算法	
			Mean	RSD		Mean	RSD
$C_1(0.9,0.01,0.001)$	C_1-C_2	0.014142	0.019998	0.001095	0.001414	0.001414	0.009280
$C_2(0.8,0.01,0.001)$	C_2-C_1		0.019999	0.000900		0.001412	0.009093
$C_1(9,0.1,0.01)$	C_1-C_2	0.141421	0.199983	0.000851	0.014142	0.014169	0.008377
$C_2(8,0.1,0.01)$	C_2-C_1		0.200021	0.000935		0.014147	0.008659
$C_1(3,0.1,0.01)$	C_1-C_2	1.004987	1.100054	0.001209	0.100498	0.100441	0.008906
$C_2(40,1,0.1)$	C_2-C_1		1.099868	0.001106		0.100577	0.009328
$C_1(0.1,0.01,0.001)$	C_1-C_2	10.000004	10.011154	0.001239	1.000000	0.999287	0.009035
$C_2(700,10,1)$	C_2-C_1		10.009762	0.001191		1.000347	0.009008

表 2-6　4 组不同的 C_1 和 C_2 的"乘法"运算结果

4 组不同的云	乘法	En_0 法则	En_0 统计算法 Mean	En_0 统计算法 RSD	He_0 法则	He_0 统计算法 Mean	He_0 统计算法 RSD
$C_1(0.9,0.01,0.001)$	$C_1 \times C_2$	0.012041	0.016999	0.000905	0.001204	0.001206	0.009923
$C_2(0.8,0.01,0.001)$	$C_2 \times C_1$		0.017002	0.000989		0.001208	0.009841
$C_1(9,0.1,0.01)$	$C_1 \times C_2$	1.204159	1.699959	0.000857	0.120415	0.120946	0.008474
$C_2(8,0.1,0.01)$	$C_2 \times C_1$		1.700184	0.000857		0.120726	0.008814
$C_1(3,0.1,0.01)$	$C_1 \times C_2$	5	7.000316	0.000879	0.5	0.510339	0.008963
$C_2(40,1,0.1)$	$C_2 \times C_1$		7.000441	0.000940		0.509904	**0.010023**
$C_1(0.1,0.01,0.001)$	$C_1 \times C_2$	7.071067	8.000936	0.001114	0.707106	0.714426	0.008038
$C_2(700,10,1)$	$C_2 \times C_1$		8.000068	0.001291		0.715695	0.008683

表 2-7　4 组不同的 C_1 和 C_2 的"除法"运算结果

4 组不同的云	除法	En_0 法则	En_0 统计算法 Mean	En_0 统计算法 RSD	He_0 法则	He_0 统计算法 Mean	He_0 统计算法 RSD
$C_1(0.9,0.01,0.001)$	C_1/C_2	0.018814	0.026567	0.000889	0.001881	0.001911	0.009104
$C_2(0.8,0.01,0.001)$	C_2/C_1	0.014866	0.020989	0.000849	0.001486	0.001506	0.008776
$C_1(9,0.1,0.01)$	C_1/C_2	0.018814	0.026566	0.000835	0.001881	0.001911	0.009555
$C_2(8,0.1,0.01)$	C_2/C_1	0.014866	0.020991	0.000844	0.001486	0.001505	0.007870
$C_1(3,0.1,0.01)$	C_1/C_2	0.003125	0.004377	0.000951	0.000312	0.000332	0.009722
$C_2(40,1,0.1)$	C_2/C_1	0.555555	0.778904	0.001105	0.055555	0.061756	0.009024
$C_1(0.1,0.01,0.001)$	C_1/C_2	1.44×10^{-5}	1.63×10^{-5}	0.001205	1.44×10^{-6}	1.46×10^{-6}	0.009539
$C_2(700,10,1)$	C_2/C_1	707.106	808.479	0.001640	70.7106	112.952	**0.011562**

通过对这 4 个表中的数据进行比较分析，可得如下结论。

（1）对于 C_1 和 C_2 的加法和减法的统计算法，近似满足如下关系：

$$En_1 + En_2 \approx En_0$$

且统计算法所求得的超熵与法则计算的超熵差别很小。

(2) 对于 C_1 和 C_2 的 4 种代数运算,统计算法所求得的熵比法则计算的熵略大。

(3) 对于定义的云运算法则,云的加法、乘法运算满足交换律和结合律。而统计算法计算的结果带有随机性,就不可能具有这样的性质。但是,C_1 和 C_2 交换位置后,统计算法所求得的熵和超熵与交换前的结果差别很小,相对偏差一般低于 0.2%,故可认为近似满足交换率。

注:表 2-6 和表 2-7 中两个粗体的数据表明 He_0 的 RSD 略大于 0.01,若要低于 0.01,可设定云滴数 N 为 7000。

2.6.3 逻辑运算

给定论域 U 上的云 $A(Ex_A, En_A, He_A)$、$B(Ex_B, En_B, He_B)$,就传统意义上的相等、包含、与、或、非等逻辑运算而言,A 与 B 之间的逻辑运算可以做如下定义。

(1) A 与 B 相等:

$$A = B \Leftrightarrow (Ex_A = Ex_B) \cap (En_A = En_B) \cap (He_A = He_B)$$

(2) A 包含 B:

$$A \supseteq B \Leftrightarrow (Ex_A - 3En_A \leqslant Ex_B - 3En_B) \wedge (Ex_B + 3En_B \leqslant Ex_A + 3En_A)$$

(3) A "与" B,存在以下 3 种情况。

如果 $|Ex_A - Ex_B| \geqslant 3(En_A + En_B)$,那么运算结果为空。

如果 $|Ex_A - Ex_B| < 3(En_A + En_B)$,而且 A 和 B 互不包含,$Ex_A \geqslant Ex_B$,那么运算结果为

$$C = A \cap B \Leftrightarrow$$
$$\text{Ex}_C \approx \frac{1}{2} |(\text{Ex}_A - 3\text{En}_A) + (\text{Ex}_B + 3\text{En}_B)|$$
$$\text{En}_C \approx \frac{1}{6} |(\text{Ex}_B + 3\text{En}_B) - (\text{Ex}_A - 3\text{En}_A)|$$
$$\text{He}_C = \max(\text{He}_A, \text{He}_B)$$

如果 $A \supseteq B$ 或者 $B \subseteq A$，那么运算结果为

$$C = \begin{cases} A, & A \subseteq B \\ B, & A \supseteq B \end{cases}$$

（4）A "或" B：如果 $A \cap B \neq \phi$，且 $\text{Ex}_A \leq \text{Ex}_B$，那么运算结果为

$$C = A \cup B \Leftrightarrow$$
$$\text{Ex}_C = \frac{1}{2}(\text{Ex}_A - 3\text{En}_A + \text{En}_B + 3\text{En}_B),$$
$$\text{En}_C = \text{En}_A + \text{En}_B, \quad \text{He}_C = \max(\text{He}_A + \text{He}_B)$$

（5）A 的 "非" 存在以下两种情况。

如果 A 是一个半云，那么，运算结果也是一个半云，即

$$C = \bar{A} \Leftrightarrow \text{Ex}_C \approx \min(U) \text{ 或 } \max(U), \quad \text{En}_C \approx \frac{1}{3}(U - 3\text{En}_B), \quad \text{He}_C \approx \text{He}_A$$

如果 A 是一个全云，那么，运算结果由两个半云组成，即

$$C = \bar{A} \Leftrightarrow \text{Ex}_C \approx \min(U), \quad \text{En}_C \approx \frac{1}{3}[\text{Ex}_A - \min(U)], \quad \text{He}_C \approx \text{He}_A$$

$$C = \bar{A} \Leftrightarrow \text{Ex}_C \approx \max(U), \quad \text{En}_C \approx \frac{1}{3}[\max(U) - \text{Ex}_A], \quad \text{He}_C \approx \text{He}_A$$

上述云运算可推广到任意多个云的逻辑运算。

云的逻辑运算具有下列性质。

幂等律：$A \cup A = A$，$A \cap A = A$。

交换律：$A \cup B = B \cup A$，$A \cap B = B \cap A$。

结合律：$(A \cup B) \cup C = A \cup (B \cup C)$，$(A \cap B) \cap C = A \cap (B \cap C)$。

吸收律：$(A \cap B) \cup A = A$，$(A \cup B) \cap A = A$。

分配律：$A \cap (B \cup C) = (A \cap B) \cup (A \cap C)$，$A \cup (B \cap C) = (A \cup B) \cap (A \cup C)$。

两极律：$A \cup U = U$，$A \cap U = A$，$A \cup \phi = A$，$A \cap \phi = \phi$。

互补律：$\bar{\bar{A}} = A$。

云的逻辑运算不满足排中律，即 $A \cup \bar{A} \neq U$，$A \cap \bar{A} \neq \phi$。

以上逻辑运算只是在同一论域范畴上进行的，对于不同论域之间的逻辑运算，可以借用语言值对应的概念来完成，将"与""或"等也看成概念，诸如建立"软与""软或"的云模型，实现软运算。

2.6.4 语气运算

语气运算用以表达对语言值的肯定程度，分为强化语气和弱化语气两种运算。基本思想是，强化语气使语言值的熵和超熵减小，弱化语气使语言值的熵和超熵增大。

给定论域 U 中的云 $C(Ex, En, He)$，令 $C'(Ex', En', He')$ 为语气运算的结果，则可以定义如下。

强化语气为

$$En' = kEn, \quad He' = kHe, \quad Ex' = \begin{cases} Ex, & \text{当}C\text{为完整云时} \\ Ex + \sqrt{-2\ln k}En', & \text{当}C\text{为半升云时} \\ Ex - \sqrt{-2\ln k}En', & \text{当}C\text{为半降云时} \end{cases}$$

弱化语气为

$$\text{En}' = \frac{\text{En}}{k}, \quad \text{He}' = \frac{\text{He}}{k}, \quad \text{Ex}' = \begin{cases} \text{Ex} & ,\text{当}C\text{为完整云时} \\ \text{Ex} - \sqrt{-2\ln k}\,\text{En} & ,\text{当}C\text{为半升云时} \\ \text{Ex} + \sqrt{-2\ln k}\,\text{En} & ,\text{当}C\text{为半降云时} \end{cases}$$

其中，$0<k<1$，k 可以采用诸如黄金分割律（$k=(\sqrt{5}-1)/2=0.618$）等方法来确定。

一个语言值，经过强化运算后再进行弱化运算，能够恢复到原来的语言值。云的语气运算可以连续运算多次，生成一系列不同语气的语言值。

需要指出的是，云运算的定义与具体的应用是紧密联系的，上述定义的云运算法则在某些应用中可能合适，但针对其他的应用领域，可能需要引入新的定义法则。

2.6.5 云变换

给定论域中某个数据属性 X 的频率分布函数 $f(x)$，根据 X 的属性值频率的实际分布情况，自动生成若干粒度不同的云 $C(\text{Ex}_i, \text{En}_i, \text{He}_i)$ 的叠加，每个云代表一个离散的、定性的概念，这种从连续的数值区间到离散的概念的转换过程，称为云变换[145]。其数学表达式为

$$f(x) \to \sum_{i=1}^{n}\left(a_i * C(\text{Ex}_i, \text{En}_i, \text{He}_i)\right)$$

式中，a_i 为幅度系数，n 为变换后生成离散概念的个数。

从数据挖掘的角度看，云变换就是从某一属性的实际数据分布中抽取概念的过程，是从定量表示到定性描述的转换，是一个概念归纳学习的过程。很显然，利用云模型可以将数量型属性的定义域划分为多个由云模型表征的概念。具体云变换算法请参考文献[145]。

尽管通过云变换能够较好地拟合原始数据分布，但由于没有考虑云模型之间的关系，得到的云模型集较为粗糙。通常会出现下列两种特殊情况。

（1）云模型之间的交叠关系过于复杂，有些云模型之间的距离过近，所表达的定性概念非常近似。

（2）云模型之间过于稀疏，甚至出现概念"真空地带"。

所以，对原子云模型集进一步做归整处理是不可缺少的。归整操作包含两部分内容，分别解决上述两个问题：其一是通过加权或合并距离过近的原子云模型，其二是生成加权浮动云弥补概念"真空地带"。由此，可以得到基于云模型的泛概念树叶节点集的自动生成算法。

值得注意的是，通过归整后得到的原子云模型集已不能完全精确地表示原始数据分布。然而，云变换要求原子概念集能够反映数据的分布，而不可能绝对地表示其分布。而且，重要的不是论域上某一点对某一原子概念的隶属程度，而是它对集合中各原子概念的隶属程度之间的关系，是根据数据分布得到的整个原子概念集对整个论域空间的软划分。因此，归整后的原子云模型集合乎人的思维情理，可以被接受和应用。对于连续数据，首先求得各数据点的频数，然后对其分布进行云变换，使之成为多个大小不同的云的叠加，就可以把数据转换为概念[137]。

2.6.6 虚拟云

云模型的最小单位是基云，对应于自然语言中最基本的语言值——语言原子，或者思维的基本单位——原子概念。虚拟云（Virtual Cloud）是按照某种应用目标，对各个基云的数字特征进行计算，将得到的结果作为新的数字特征所构造的云。例如，语言变量 C 可由原子概念定义为：$C\{C_1(Ex_1, En_1, He_1), C_2(Ex_2, En_2, He_2), \cdots, C_n(Ex_n, En_n, He_n)\}$，这是对相应论域空间软划分的实现。语言原子分布于整个论域空间中,表示某个概念的基云在整个论域空间中自由浮动,映射了论域空间中存在的任意语言原子。虚拟云主要分为浮动云、综合云、分解云和几何云。此外,根据云的代数运算、逻辑运算或语气运算结果得到的新云,也可以看成虚拟云的一种。基于云模型的各种虚拟云技术是表示和处理连续型数据与定性知识的有效工具。

1. 浮动云

浮动云(Floating Cloud)是在已知两朵云的数字特征前提下,根据线性缺省假设生成的一朵给定期望值的新云。浮动云的期望值是用户根据具体要求事先指定的,具有一定的灵活性,熵和超熵可由两朵已知云的数字特征计算求得。

假设在论域空间中存在两朵基云 $C_1(Ex_1, En_1, He_1)$ 和 $C_2(Ex_2, En_2, He_2)$,且 $Ex_1 \leqslant Ex_2$,则位于论域中(Ex_1, Ex_2)内任意位置 $Ex=u$ 的浮动云,其数字特征可以定义为两朵基云的数字特征的距离加权和,计算公式为

$$Ex = u$$
$$En = \frac{Ex_2 - u}{Ex_2 - Ex_1} En_1 + \frac{u - Ex_1}{Ex_2 - Ex_1} En_2$$
$$He = \frac{Ex_2 - u}{Ex_2 - Ex_1} He_1 + \frac{u - Ex_1}{Ex_2 - Ex_1} He_2$$

从上式可以看出,浮动云越靠近 C_1,受 C_1 的影响越大,受 C_2 的影响越小,反之亦然。浮动云在论域空间中主要解决概念或规则的稀疏问题。利用浮动云,可以在未被给定语言值覆盖的空白区域自动生成虚拟语言值,用于知识表达和归纳;在未被给定规则覆盖的区域生成虚拟规则,进行缺省推理。

2. 综合云

综合云(Synthesized Cloud)用于将两朵或多朵相同类型的子云进行综合,

生成一朵新的高层概念的父云。其本质为提升概念，将两个或两个以上的同类型语言值综合为一个更广义的概念语言值。一般地，综合云的熵大于基云的熵，覆盖了论域空间的更大范围，综合云对应的语言变量表示更一般性的概念，适用于概念数的概念层次爬升。在实际应用中，两朵基云不能相距太远，否则就失去了综合的意义。

作为父云的综合云，其数字特征可以根据所有子云的数字特征计算求得。假设在论域中存在 n 个同类型的基云 $\{C_1(\text{Ex}_1, \text{En}_1, \text{He}_1), C_2(\text{Ex}_2, \text{En}_2, \text{He}_2), \cdots, C_n(\text{Ex}_n, \text{En}_n, \text{He}_n)\}$，则由 C_1，C_2，$\cdots$，C_n 可以生成一个同类型的综合云 C，C 覆盖了 C_1，C_2，$\cdots$，C_n 所覆盖的所有范围。C 的数字特征为

$$\text{Ex} = \frac{\sum_{i=1}^{n} \text{Ex}_i \text{En}_i}{\sum_{i=1}^{n} \text{En}_i}, \quad \text{En} = \sum_{i=1}^{n} \text{En}_i, \quad \text{He} = \frac{\sum_{i=1}^{n} \text{He}_i \text{En}_i}{\sum_{i=1}^{n} \text{En}_i}$$

3. 分解云

分解云（Resolved Cloud）即把一个云分解形成若干个子云（Subcloud）。在语言原子分布的数域空间中，高层次概念可被分解为若干个低层次概念，构成概念树。概念树的各层次都对应若干个语言变量，每个语言变量对应一个云对象。例如，"距离不远不近"就可分解为"距离不远"和"距离不近"两个概念。分解云适用于概念树层次间概念的细化操作。

4. 几何云

几何云（Geometric Cloud）根据云模型的已知局部特性，采用几何数学拟合法生成一个涵盖它的完整的新云。它和逆向云发生器的区别在于，几何云只根据局部特性生成虚拟云，对云滴的数目、分布和精度要求都不高；而逆向云发生器是由某参数未知的云模型的云滴来估计其数字特征的，需要较

多的、精度较高的云滴。如果仅已知两个云滴（x_1，μ_1）和（x_2，μ_2），则用公式

$$Ex = \frac{x_1\sqrt{-2\ln\mu_1} + x_2\sqrt{-2\ln\mu_2}}{\sqrt{-2\ln\mu_1} + \sqrt{-2\ln\mu_2}}$$

$$En = \frac{|x_1 - x_2|}{\sqrt{-2\ln\mu_1} + \sqrt{-2\ln\mu_2}}$$

$$He = 0$$

直接计算得到几何云的数字特征。

2.7 基于云模型的不确定性推理

基于云模型的不确定性推理是根据一定的已知条件，利用云的不确定性推理器，在一定的环境中推导得到目标规则的过程。规则一般由规则前件（条件）和规则后件（规则知识）两部分组成，基于云的不确定性推理按规则的条数分为单规则推理和多规则推理，每条规则又可以根据规则前件的条件数分为单条件规则和多条件规则。数据挖掘的目的是获取知识，获取知识的目的在于应用知识。数据挖掘获取的知识存在着广泛的不确定性，而知识的应用过程实质上就是一个不确定性推理的过程。

云模型将知识的模糊性和随机性统一起来，将定量、定性结合起来。基于云理论的不确定性推理方法能较好地解决不确定性的表达和传播问题，同时其推理结果与人的主观思维一致，为不确定性推理开辟了一条新途径。

2.7.1 单规则推理

单规则推理使用的是云的单条件单规则和多条件单规则的不确定性推理器。一条单条件定性规则形式化地表示为

$$\text{If } A \text{ then } B$$

其中，A、B 为用云模型表示的定性概念。例如，在规则"如果软件测试很充分，则软件可靠性很高"中，A 表示定性概念"很充分"，B 表示定性概念"很高"。云发生器基于云的不确定性推理的基础，把一个前件云发生器（X 条件云发生器）与一个后件云发生器（Y 条件云发生器）按图 2-19 所示的方式连接起来，就构成了一个单条件单规则发生器。

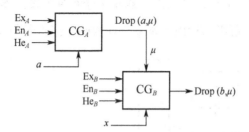

图 2-19 单条件单规则发生器

在单条件单规则发生器中，当前件论域 U_1 中某个特定的输入值 a 激活 CG_A 时，CG_A 随机地产生一个确定度 μ。这个值反映了 a 对此定性规则的激活强度，而确定度 μ 又作为后件云发生器 CG_B 的输入，随机地产生一个云滴 Drop(b, μ)。如果 a 激活的是前件的上升沿，则规则发生器输出的 b 对应着后件概念的上升沿，反之亦然。从 Y 条件云发生器的性质可知，多次输入同一个 μ 值，得到的输出是一组水平排列的随机数（从数学计算的角度应得到两组结果，但一般按照上升沿刺激上升沿、下降沿刺激下降沿的原则取其中一组输出），而一组 μ_i 的多次输入，得到的是多组水平排列的随机数，形成一个随机分布的云团。也就是说，其输入、输出之间的关系不再是简单的点对点的函数式关系，而是多对多的不确定性关系。这样一来，规则发生器确保了推理过程中不确定性的传递。

一条多条件定性规则的形式化表示为

$$\text{If } A_1, A_2, \cdots, A_m \text{ then } B$$

例如,定性规则"如果软件复杂性低,程序员的技能很好,测试用例很多,则软件可靠性很高",分别反映了在复杂性域、程序员技能域、测试用例域和可靠性域中的4个定性概念 $A_1=$ "低", $A_2=$ "很好", $A_3=$ "很多", $B=$ "很高"之间的相互关系。

通过把 m($\geqslant 2$)个前件云发生器和1个后件云发生器,按图 2-20 所示的方式进行连接,可以构造出一条多条件规则,称为多条件单规则发生器。

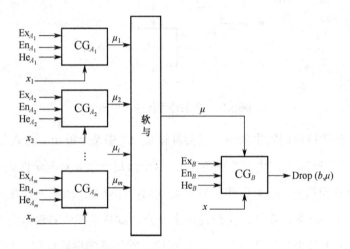

图 2-20 多条件单规则发生器

规则前件中包含的多个定性概念之间"与"的关系,在用自然语言表达时是隐式的。$A_1, A_2, \cdots, A_m$ 和 B 是分别对应于论域 $U_{A1}, U_{A2}, \cdots, U_{Am}$ 和 U_B 上的概念,m($\geqslant 2$)个前件云发生器分别输入特定值 $x_1, x_2, \cdots, x_m$ 后产生确定度 $\mu_1, \mu_2, \cdots, \mu_m$,可以通过一个新概念"软与"实现由 $\mu_1, \mu_2, \cdots, \mu_m$ 得到 μ 的操作,从而构造出多条件规则发生器。通过云模型实现定性概念"软与"的定量转换,比通常在模糊集合中取 $\min\{\mu_1, \mu_2\}$ 作为激活规则后件的强度要灵活得多。有关云模型之间的"软与",请参考文献[145]。

2.7.2 多规则推理

在实际的应用系统中,往往含有多条规则,解决多规则推理问题,是不确定性推理方法实用化的先决条件。

多规则推理使用的是云的单条件多规则和多条件多规则的不确定性推理器。在实际应用中,更多出现的是多规则推理。单条件多规则推理可形式化地表示为

$$\text{If } A \text{ then } B_1, B_2, \cdots, B_m$$

多条件多规则推理较为复杂,具体有以下两种形式。

(1) 多个不同的规则前件组各自决定不同的规则后件,即

$$\text{If } A_{11}, A_{21}, \cdots, A_{n1} \text{ then } B_1$$

$$\text{If } A_{12}, A_{22}, \cdots, A_{n2} \text{ then } B_2$$

$$\vdots$$

$$\text{If } A_{1m}, A_{2m}, \cdots, A_{nm} \text{ then } B_m$$

(2) 多个不同的规则前件组各自决定多个不同的规则后件组,即

$$\text{If } A_{11}, A_{21}, \cdots, A_{n1} \text{ then } B_1, B_2, \cdots, B_m$$

$$\text{If } A_{12}, A_{22}, \cdots, A_{n2} \text{ then } B_1, B_2, \cdots, B_m$$

$$\vdots$$

$$\text{If } A_{1m}, A_{2m}, \cdots, A_{nm} \text{ then } B_1, B_2, \cdots, B_m$$

显然,形式(2)是形式(1)基于规则后件的空间叠加,无论复杂度和

计算难度，形式（2）都大于形式（1）。如果再考虑多个规则前件（或规则后件）之间的相关性，那么两种形式的多条件多规则推理的复杂度和计算难度都将可能呈几何级数增长。所以，把形式（2）拆分为形式（1）计算是必要的，同时还应该消除多条件多规则推理的多个规则前件（或规则后件）之间的相关性，消除算法可以采用空间数据库的第三范式算法。假设多个规则前件（或规则后件）之间互不相关，彼此独立，多条件多规则的推理是按照形式（1）实现的云的不确定性推理器。可见，多规则推理中每条规则的构成同单规则推理中的单规则，多规则推理的算法是多个单规则推理算法的综合，其推理机制的关键点在于如何处理多条规则之间的关系。可以首先使用输入值激活每条定性规则，然后采用几何云技术综合每条规则被激活后产生的云团，最后把生成的几何云的期望值作为推理结论输出[145]。

2.8　本章小结

本章首先详细介绍了正态云模型，在多维云模型中引入相关系数来反映概念之间的联系，提出了多维正向正态云的定义及其发生器的具体实现算法；从统计学的角度揭示了两种现有的逆向云算法有时存在较大误差的原因，指出当超熵 He 相对于熵 En 偏大时（例如，He/En=0.7），原来两种逆向云算法中对熵和超熵的点估计误差都较大；构造了一种新的精确度更高的逆向云算法，并通过模拟实验比较了新算法与原有两种逆向云算法；基于概率理论与实变函数理论比较严谨地分析了多重迭代的正态分布和广义正态云模型，得到了一些诸如矩和峰度等数字特征值；最后，概要介绍了云运算、云变换、虚拟云，以及基于云模型的单规则推理和多规则推理。

第 3 章
云进化算法与组合优化

3.1 引言

最优化问题通常由目标函数和约束条件两部分构成:

$$\text{Minimize} \quad f(\boldsymbol{x}) = f(x_1, x_2, \cdots, x_n)$$

$$\text{subject to} \quad \boldsymbol{x} = (x_1, x_2, \cdots, x_n) \in \boldsymbol{F} \subseteq \boldsymbol{X}$$

式中,$f(\boldsymbol{x})$为目标函数,$\boldsymbol{x}$为决策变量,$\boldsymbol{X}$表示决策变量的定义域,将满足所有约束条件的解空间 $\boldsymbol{F}$ 称为可行解区域或可行域,即 $\boldsymbol{F}$ 中的任何一个元素称为该问题的可行解,满足 $f(\boldsymbol{x}^*) = \text{Min}\{f(\boldsymbol{x}) | \boldsymbol{x} \in \boldsymbol{F}\}$ 的可行解 $\boldsymbol{x}^*$ 称为该问题的最优解。对于最大化问题,将目标函数乘以-1,可转化为最小化问题求解。

当 $\boldsymbol{X} = \boldsymbol{R}^n$ 时(n 元实空间),目标函数和约束条件均为线性表达式,上述最优化问题称为线性规划问题,否则称为非线性规划问题。线性规划问题可用单纯形法和对偶理论求解。当 $f(\boldsymbol{x})$ 为凸函数、可行域为凸空间时,该优化问题称为凸规划,依据连续性和可微性的假设,有最小平方和法、梯度下降法,以及牛顿法等经典无约束方法。对于非凸规划问题,虽然可以应用互补转轴理论的推广，但一直没有非常有效的最优化方法，通常选择随机搜索方法。当 F 为离散集合构成的解空间时，这类最优化问题称为组合优化问题。

典型的组合优化问题有：旅行商问题（Traveling Salesman Problem，TSP）、背包问题（Knapsack Problem，KP）、调度问题（Scheduling Problem）、装箱问题（Bin Packing Problem）、图着色问题（Graph Coloring Problem）、聚类问题（Clustering Problem）等。求解这些问题的算法一般分为两类：一类是精确算法，如动态规划、回溯法和分支限界法等；另一类是非精确算法，主要有随机算法、近似算法、生物算法和进化算法等。

TSP 和 KP 都是 NP 困难（NP-Hard）的经典组合优化问题。对于这类问题，精确算法的时间复杂度或是伪多项式时间的，或是指数时间的，一般不适用于复杂大规模实例的求解，所以在实际应用中非精确算法更受青睐；已有的一些近似算法容易陷入局部最优解的困境。利用贪心算法求解这些问题，在当前看来是最好的选择，但往往得不到全局最优解。本章依据贪心思想的选择策略和云模型的随机性提出了两种新颖的基于贪心思想和云模型的进化算法，并分别应用于求解 TSP 和 KP。

3.2 组合优化

20 世纪后半叶，伴随着工业科技革命和现代管理科学的发展，特别是计算机技术的突飞猛进及其在各行业的广泛应用，组合优化已成为运筹学的一个经典且重要的独立分支。组合优化问题广泛存在于信息技术、经济管理、工业工程、交通运输、通信网络等诸多领域。组合优化是通过对数学方法的研究去寻找离散事件的最优编排、分组、次序或筛选等。组合优化（或称离散优化）是一门古老而又年轻的学科，著名数学家费马（P. Fermat）、欧拉（L. Euler）等都为其形成和发展作出了重要贡献。

组合优化问题是最优化问题的一类，特点是可行解集合为有限点集，典型的是一个整数、一个集合、一个排列或一个图。由直观可知，只要将 F 中有限个点逐一与目标值的大小比较，该问题的最优解一定存在并可以得到。现实生活中的大量最优化问题是从有限个状态中选取最好的，所以大量的实际优化问题是组合优化问题。

组合优化算法（Optimal Combination Algorithm）是一类在离散状态下求极值问题的方法。把某种离散对象按某个确定的约束条件进行安排，当已知合乎这种约束条件的特定安排存在时，寻求这种特定安排在某个优化准则下的极大解或极小解。组合最优化的理论基础含线性规划、非线性规划、整数规划、动态规划、拟阵论和网络分析等。

但是，枚举是以时间为代价的，有的问题枚举时间还可以接受，有的则不能接受。设问题的规模为 n，如果存在一个多项式 $p(n)$，使得算法最多执行 $p(n)$ 个基本步骤便可得到解答，则这种算法称为多项式时间算法。多少年来，人们试图寻找解答各种组合问题的多项式时间算法，这种研究工作在一些问题上已取得成功，其中包括最短路径问题、最小支撑树问题、网络最大流问题、最小费用流及运输问题等。

随着实践的发展，出现了越来越多的组合优化问题都很难找到求最优解的多项式时间算法的情况。经过几代数学家的努力，他们研究整理了一类难以求解的组合优化问题，迄今为止还没有一个能找到最优解的多项式时间算法。例如，TSP、KP、最大团问题、顶点覆盖问题等，这类组合优化问题归为 NP 困难问题。

NP（Nondeterministic Polynomial）中的 N 是指非确定的算法，即这样一

种算法：

（1）猜一个答案。

（2）验证这个答案是否正确。

（3）只要存在某次验证的答案是正确的，则该算法得解。

NP 问题就是指，用这样的非确定的算法，验证步骤（2）有多项式时间的计算复杂度的算法。通俗来说，NP 问题是其解的正确性能够被"很容易检查"的问题，即存在一个多项式检查算法。

NPC（NP-Complete），即 NP 完全性问题，它是一个 NP 问题，并且所有的 NP 问题都可以归约到该问题。NPC 是 NP 问题中最难的问题，即还没有找到多项式解法，但多项式可验证，而且只要一个 NPC 问题有多项式解法，其他所有 NP 问题就都会有一个多项式解法。

NP-Hard 问题不一定是一个 NP 问题，但所有的 NP 问题都可以归约到该问题。NP-Hard 是指所有还没有找到多项式解法的问题，并没有限定属于 NP 问题。NPC 问题是 NP-Hard 问题和 NP 问题的交集。NPC 问题都是 NP-Hard 问题。

受人类认识能力的限制，目前人们只能假设这类难解的组合优化问题不存在求最优解的多项式时间算法。正因为一些组合优化问题还没有找到求最优解的多项式时间算法，而这些组合优化问题又有非常强的实际应用背景，人们不得不尝试着为这些问题设计各种智能近似算法。

3.3 贪心算法

贪心算法（Greedy Algorithm）是指，在对问题求解时，总是做出在当前看来最好的选择。也就是说，不从整体最优上加以考虑，它所做出的是在某种意义上的局部最优解。

贪心算法的基本思路是从问题的某个初始解出发一步一步地进行，根据某个优化测度，每一步都要确保能获得局部最优解。每一步只考虑一个数据，它的选取应该满足局部优化的条件。若下一个数据和部分最优解连在一起不再是可行解，就不把该数据添加到部分解中，直到把所有数据枚举完，或者不能再添加算法为止。贪心算法不是对所有问题都能得到整体最优解的，关键是贪心策略的选择。选择的贪心策略必须具备无后效性，即某个状态以前的过程不会影响以后的状态，只与当前状态有关。

贪心选择是指所求问题的整体最优解可以通过一系列局部最优的选择来达到。这是贪心算法可行的第一个基本要求，也是贪心算法与动态规划算法的主要区别。贪心选择采用自顶向下、迭代的方法做出相继选择，每做一次贪心选择就将所求问题简化为一个规模更小的子问题。对于一个具体问题，要确定它是否具有贪心选择的性质，必须证明每一步所做的贪心选择最终能得到问题的最优解。通常可以首先证明问题的一个整体最优解是从贪心选择开始的，而且做了贪心选择后，原问题可以简化为一个类似的规模更小的子问题。然后，用数学归纳法证明，通过每一步贪心选择，最终可得到问题的一个整体最优解。

当一个问题的最优解包含其子问题的最优解时，称此问题具有最优子结构性质。运用贪心策略在每次转化时都取得了最优解。问题的最优子结构性质是该问题可用贪心算法或动态规划算法求解的关键特征。贪心算法的每次操作都对结果产生直接影响，而动态规划算法则不是。贪心算法对每个子问题的解决方案都做出选择，不能回退；动态规划算法则会根据以前的选择结果对当前解决方案进行选择，有回退功能。动态规划算法主要应用于二维或三维问题，而贪心算法一般应用于一维问题。

3.4 旅行商问题

3.4.1 旅行商问题简介

旅行商问题（TSP）是经典的组合优化问题：一个商品推销员要去若干个城市推销商品，该推销员从一个城市出发，经过所有城市，最后回到出发地。应如何选择行进路线，以使总的行程最短。该问题貌似很简单，在应用数学界却是一道研究极其火热的难题，时至今日仍无人能解。

从图论的角度来看，该问题的实质是在一个带权完全无向图中，找一个权值最小的 Hamilton 回路。由于该问题的可行解是所有顶点的全排列，随着顶点数的增加，会产生组合爆炸，它是一个 NP 完全问题。TSP 搜索空间随着城市数 n 的增加而增大，所有的旅程路线组合数为$(n-1)!/2$。对于 10 个城市的情形，有 181 440 条路线；对于 100 个城市的情形，则有 4.663×10^{155} 条路线。这是一个在运筹学和计算机科学理论中非常重要的 NP 组合优化问题，广泛应用于交通运输、电路板线路设计及物流配送等领域。

关于 TSP 的研究历史很久，最早的描述是 1759 年欧拉研究的骑士环游问题，即对于国际象棋棋盘中的 64 个方格，走访 64 个方格有且仅有一次，并且最终返回起始点。1954 年，G. B. Dantzig 等人[157]用线性规划的方法即割平面法，取得了旅行商问题的历史性的突破——解决了美国 49 个城市的巡回问题。这种方法在整数规划问题上也进行了广泛应用。许多优化方法都将它作为一个测试基准。尽管问题在计算上很困难，但已经有了大量的启发式算法和精确方法来求解数量上万的实例，并且能将误差控制在 1%以内。后来还有研究者提出了一种方法叫作分支限界法，所谓限界，就是求出问题解的上下界，通过当前得到的限界值排除一些次优解，为最终获得最优解提供方向。

每次搜索下界最小的分支,可以减小计算量。

早期的研究者使用精确算法求解该问题,常用的方法包括:分支限界法、线性规划法、动态规划法等。但是,随着问题规模的增大,精确算法逐渐变得无能为力。目前的近似算法主要有遗传算法、模拟退火法、蚁群算法、禁忌搜索算法、人工神经网络算法和贪心算法等,可用来解决该问题,但容易陷入局部最优解[158]。其中,利用贪心算法来求解时,也只能生成该问题的某个近似解。若用云模型来不确定地表示城市的"近邻"这个概念,依据贪心思想的近邻选择策略和云模型的随机性,可以生成包含多个近似最优解的初始解种群,这样可为下一步进化求解奠定良好的基础。李絮等人[76]提出了一种基于云模型的模糊自适应蚁群算法,针对 TSP 进行仿真实验对比,结果也表明基于云模型的蚁群算法要明显优于其他学者改进的两种蚁群算法,但实验问题的规模较小。

TSP 可分为 5 类,具体如下。

1. 经典 TSP

经典 TSP 是在一个带权无向完全图中找一个权值最小的 Hamilton 回路。在各类 TSP 中,该类问题的研究成果最多。近几年来,研究者基于数学理论构造近似算法,或者使用各种仿自然的算法框架结合不同的局部搜索方法构造混合算法。同时,神经网络和自组织图方法在该问题上的应用研究也引起了研究者的关注。

经典 TSP 是指,给定一系列城市的坐标,求解访问每座城市有且仅一次并回到起始城市的最短路径。设有一个加权无向图 $G=<V, E, W>$,$V=\{1, \cdots, n\}$ 表示 n 个城市;$E=\{e_{ij}=(i, j)|i, j \in V\}$,$e_{ij}$ 为城市 i 和 j 之间的边,则

$$W=\{w(e_{ij})=\sqrt{(x_i-x_j)^2+(y_i-y_j)^2}\,|\,e_{ij} \in E;\ i, j \in V\}$$

$<x_i, y_i>$和$<x_j, y_j>$为城市 i 和 j 的坐标。TSP 要寻找 G 的哈密尔顿（Hamilton）圈 Q，使得 Q 的总权最小。

2. 不对称 TSP

若在经典 TSP 模型中，两个顶点之间的距离不一定相等，则该问题称为不对称 TSP（Asymmetric Traveling Salesman Problem，ATSP）。ATSP 由于两点间距离的不对称性，所以求解更困难，但由于现实生活中多数实际场景都为 ATSP（如基于实际交通网络的物流配送），所以其比经典 TSP 更具有实际应用价值。

3. 配送收集 TSP

配送收集 TSP 是应经典 TSP 适应物流配送领域的实际需求而生的。这个问题涉及顾客的两类需求：一类是配送需求，要求将货物从配送中心送到需求点；另一类是收集需求，要求将货物从需求点运往配送中心。当所有的配送和收集需求都由一辆从配送中心出发、限定容量的车辆来完成时，怎样安排行驶路线才能构成一条行程最短的 Hamilton 回路就是配送收集 TSP。

4. 多人 TSP

多人 TSP（Multiple Traveling Salesman Problem，MTSP）即多个旅行商遍历多个城市，在满足每个城市被一个旅行商经过一次的前提下，求遍历全部城市的最短路径。解决 MTSP 对解决"车辆调度路径安排"问题具有重要意义。过去的研究大多将 MTSP 转化成多个 TSP，再使用求解 TSP 的算法进行求解。H. Qu 等人[159]结合胜者全取的竞争机制，设计了一个柱形竞争的神经网络模型来求解 MTSP，并对网络收敛于可行解进行了分析和论证。

5. 多目标 TSP

多目标 TSP（Multi-objective Traveling Salesman Problem，MoTSP）研究

的是路径上有多个权值的 TSP，要求找一条通过所有顶点并最终回到起点的路径，使路径上的各个权值都尽可能小。由于在多目标情况下，严格最优解并不存在，研究 MoTSP 的目的是找到 Pareto 最优解，这是一个解集，而不是单一解。现阶段算法多为构造一个求解单目标的遗传局部搜索算法，然后基于此求解多目标组合优化问题。

3.4.2 "近邻"的不确定表示

云模型赋予样本点以确定度，来统一刻画语言原子中的随机性、模糊性及其关联性。下面尝试通过二维正态云模型的 3 个数字特征向量来反映定性概念"近邻"整体上的定量特征。期望（Ex）：云滴在论域空间分布的期望，即最能够代表定性概念的点，可以用该城市的二维坐标来表示"近邻"的 Ex。熵（En）：代表定性概念的粒度，熵越大，概念越宏观。超熵（He）：熵的不确定性度量，即熵的熵。Ex 和 He 针对不同问题可以依据具体情况来确定[3]。

给定某个城市的"近邻"的二维的数字特征 $Ex=<Ex_1, Ex_2>$，$En=<En_1, En_2>$，$He=<He_1, He_2>$后，可以通过二维正向正态云发生器随机生成云滴来表示其具有确定度的"近邻"。

3.4.3 基于贪心思想和云模型的进化算法

1. 初始解种群

下面基于贪心思想和二维正向正态云发生器来随机生成初始解种群。为了简化表示，不妨以城市 1 为始点和终点，初始解可以用剩余的 $n-1$ 个城市的排列构成的向量 π 来表示，随机生成初始解的基本步骤如下。

（1）计算二维正向正态云发生器的 En 和 He。

$$En_1 = [\max(X) - \min(X)]/k \quad (3\text{-}1)$$

$$\mathrm{En}_2 = [\max(Y) - \min(Y)]/k \qquad (3\text{-}2)$$

$$\mathrm{He}_1 = \alpha \mathrm{En}_1, \quad \mathrm{He}_2 = \alpha \mathrm{En}_2 \qquad (3\text{-}3)$$

式中，$X = \{x_i | i \in V\}$，$Y = \{y_i | i \in V\}$，k 和 α 分别为熵和超熵的控制参数。根据城市的疏密程度和城市的区域分布，该算法中式（3-1）、式（3-2）和式（3-3）可灵活表示定性概念"近邻"的粒度。如某个城市周围有多个相对很近的城市，可设定较大的 k 值，使得"近邻"的粒度较小；反之，若某个城市比较偏僻，可设定较小的 k 值，使得"近邻"的粒度较大。

（2）从城市 1 出发，设当前访问的城市为 j，$j \leftarrow 1$，当前所有未访问城市集合为 T，$T \leftarrow V-\{j\}$，当前已访问的城市个数为 l，$l=1$。

（3）以城市 j 的坐标为二维正向正态云发生器的期望，即 $\mathbf{Ex}=<x_j, y_j>$，利用二维正向正态云发生器随机产生 1 个云滴；计算该云滴与 T 中所有城市的欧氏距离，选择其中最近的城市 s 为下一个访问的城市，即 $j \leftarrow s$，$T \leftarrow T-\{s\}$，$\pi(l) \leftarrow j$，$l \leftarrow l+1$。

（4）当 $l=n$ 时，算法停止，$\boldsymbol{\pi}$ 即所求的初始解，否则转到步骤（3）。

与贪心算法相比，通过多次执行上述算法可以生成包含大量近似最优解的初始解种群，尽管不能保证搜索到最优解，但有利于种群进化并逼近最优解。

2. 变异进化操作

1）子路径逆置换算子

随机生成两个随机整数 r 和 t，满足 $0<r<t<n$，对 $\boldsymbol{\pi}$ 的第 r 位到第 t 位子向量逆排序，可得该问题的一个新解。

2）移位算子

随机生成两个随机整数 r 和 t，满足 $0<r<t<n$，且 $t-r>1$，把 π 的第 r 位移到第 $t-1$ 位，π 的第 $r+1$ 位到第 $t-1$ 位子向量前移一位，可得该问题的一个新解。

3．算法的基本步骤

关于图 G 的 TSP，假设种群规模为 m，进化总代数为 g，下面给出新的进化算法的基本步骤。

设定初始参数 $\{m, g, k, \alpha\}$。

（1）利用初始解生成算法随机产生 m 个初始解作为当代种群。

（2）计算当代种群所有个体的适应度，并找出其中的当代最优个体。

（3）通过变异进化操作和保优操作来产生一个新种群，更新当代种群。

（4）如果达到进化总代数 g 则算法停止，当代最优个体即最优解，否则转到步骤（3）。

3.4.4 实例分析

为了验证本节算法的有效性，设定初始参数 $m=9$，$g=2\,000$，$k=60$，$\alpha=0.001$，选取 TSPLIB 标准库中的 5 个实例（Dantzig42，Berlin52，St70，Pr107 和 Pr136）进行实验。通过 MATLAB 编程实验，优化结果如图 3-1～图 3-5 所示，并与文献[160-164]中算法的结果进行对比，如表 3-1 所示。因文献[76]中只对 Ulysses22、Bays29 和 Att48 这 3 个规模较小的问题做了实验分析，故未选择它们进行比较。

表 3-1 优化结果对比

TSP 实例	TSPLIB 最优解	文献[160]	文献[161]	文献[162]	文献[163]	文献[164]	本节算法
Dantzig42	699	—	—	—	—	686.2	679.201 9
Berlin52	7 542	7 602	7 544.37	7 636	—	—	7 544.365 9
St70	675	712	678.62	712	677.109 6	703.2	677.109 6
Pr107	44 303	46 640	44 620.18	—	44 480.74	—	44 301.683 6
Pr136	96 772	—	—	110 851	100 176.2	—	97 616.544 3

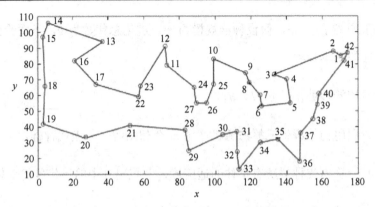

图 3-1 Dantzig42 问题的 Hamilton 圈

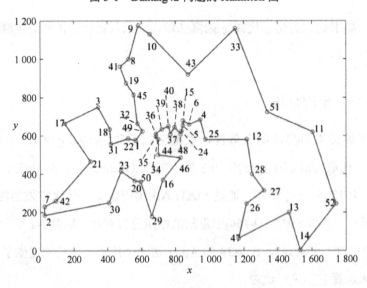

图 3-2 Berlin52 问题的 Hamilton 圈

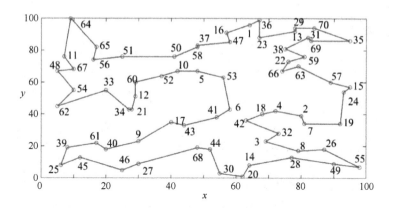

图 3-3　St70 问题的 Hamilton 圈

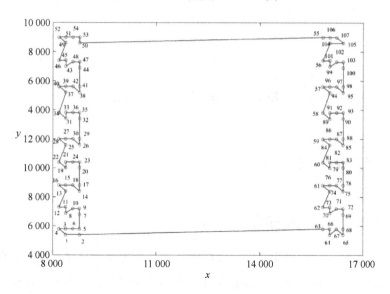

图 3-4　Pr107 问题的 Hamilton 圈

从这 5 个图中可见，Hamilton 圈都没有出现交叉现象；对于 Dantzig42 问题和 Pr107 问题，本节算法的解甚至优于 TSPLIB 给出的最优解；对于实例 Pr136，本节算法的解优于文献[162]和文献[163]中给出的解；对于实例 Berlin52 和 St70，本节算法的解与文献[160-164]中的最优结果相同，从而说明本节提出的新算法具有较高的可行性和全局寻优能力。

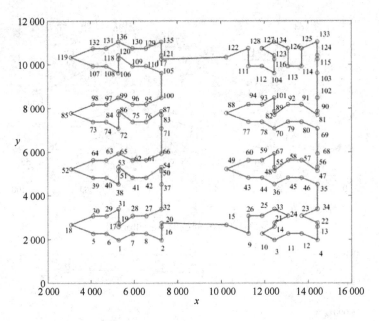

图 3-5　Pr136 问题的 Hamilton 圈

3.5　背包问题

3.5.1　背包问题简介

背包问题[165-168]（KP）是一类重要的 NP 困难组合优化问题，在资源分配、资金预算、投资决策、装载问题等许多领域中具有重要的应用价值。当问题规模较小时，可以应用动态规划、回溯法和分支限界法等精确算法来求解；但随着问题规模的增大，这些经典方法因时间复杂度很高就不再适用了，只能采用近似算法。

1897 年，G. B. Mathews[169]最早研究了 0-1 背包问题（0-1 Knapsack Problem，0-1KP），G. B. Dantzig[170]对 0-1KP 的开创性研究工作对后来 KP 的推广起到了关键性作用。目前，KP 包括多种不同形式，经典的有 0-1KP、有

界背包问题（Bounded Knapsack Problem，BKP）、无界背包问题（Unbounded Knapsack Problem，UKP）、多维背包问题（Multidimensional Knapsack Problem，MDKP）、多背包问题（Multiple Knapsack Problem，MKP）、多选择背包问题（Multiple-Choice Knapsack Problem，MCKP）、二次背包问题（Quadratic Knapsack Problem，QKP）、最大最小背包问题（Max-min Knapsack Problem，MmKP）、优先约束背包问题（Precedence Constraint Knapsack Problem，PCKP）、集合联盟背包问题（Set-Union Knapsack Problem，SUKP）、多目标背包问题（Multi-Objective Knapsack Problem，MOKP）和在线背包问题（On-Line Knapsack Problem，OLKP）等，以及它们的变形。近年来，许多新的 KP 问题，如随机时变背包问题（Randomized Time-Varying Knapsack Problem，RTVKP）[171,173]、多重二次背包问题（Quadratic Multiple Knapsack Problem，QMKP）[174,175]、多选择多维背包问题（Multiple-Choice Multidimensional Knapsack Problem，MMKP）[176-177]和折扣 0-1 背包问题（Discounted {0-1} Knapsack Problem，D{0-1}KP）[178-180]等被相继提出，不仅壮大了 KP 家族，而且大大拓宽了 KP 的应用领域。

目前，用于求解 0-1 背包问题的近似算法有猴群算法（Monkey Algorithm，MA）、遗传算法、粒子群优化算法、差分进化算法、声搜索算法（Harmony Search Algorithm，HSA）[7]、鸡群优化算法（Chicken Swarm Optimization Algorithm，CSOA）、萤火虫算法（Firefly Algorithm，FA）、蚁群算法、量子衍生进化算法（Quantum Inspired Evolutionary Algorithm，QIEA）、化学反应优化算法（Chemical Reaction Optimization Algorithm，CROA）、混合蛙跳算法（Shuffled Frog Leaping Algorithm，SFLA）等。这些智能算法仍存在不足之处，还有很多学者在不断地研究改进。Z. Michalewicz 等人[181]研究了利用 GA 求解 0-1KP 时个体编码方法的优劣，以及处理 0-1KP 不可行解的罚函数法与修复法，并指出 GA 的个体采用 0-1 向量编码比自然数编码的效果更佳，而且利用修复法处理 0-1KP 不可行解比罚函数法的结果更好。吴少岩等人[182]

研究了 GA 的交叉算子与探索子空间的关系，构造出一种启发式交叉算子，提出了一个改进的 GA，并用于求解 0-1KP。张铃等人[183]利用数论中的佳点集理论与方法，通过对 GA 的交叉操作进行重新设计，提出了佳点集遗传算法（Good Point Set based Genetic Algorithm，GGA），并利用 GGA 有效求解 0-1KP 等组合优化问题。T. Y. Lim 等人[184]则利用"一夫一妻制"改进 GA 产生子代个体的方法，并基于罚函数法计算个体的适应度，给出了求解 0-1KP 的一种新的 GA 算法。J. C. Bansal 等人[185]通过修改二进制粒子群优化[186]（Binary Particle Swarm Optimization，BPSO）算法中位置更新方程的边界限制，给出了一种改进的二进制粒子群优化（Modified Binary Particle Swarm Optimization，MBPSO）算法，并利用 MBPSO 算法求解 0-1KP。C. Changdar 等人[187]基于 ACO 并采用 0-1 向量编码方式求解 0-1KP。首先用梯形模糊函数对 0-1KP 做适当的变形，然后在 ACO 中引入交叉与变异操作，由此给出了利用 ACO 求解 0-1KP 的一种可行方法。贺毅朝等人[188]提出了一种具有双重编码的二进制差分进化算法，并使用修复法处理不可行解，给出了利用 DE 求解 0-1KP 的一种有效方法。文献[189，190]中分别提出了两种不同的 HSA 算法，这两种算法被成功用于求解 0-1KP。R. S. Pavithr 等人[191]将量子编码与社会进化算法相结合，提出了一种求解 0-1KP 的量子编码社会进化算法。K. K. Bhattacharjee 等人[192]提出了一种具有变异操作的 SFLA 算法，并用于求解 0-1KP。Y. Q. Zhou 等人[193]提出了一种二进制猴群算法，并利用修复法处理不可行解，给出了求解 0-1KP 的一种有效方法。

由上述研究可以看出，利用 EA 求解 0-1KP 的方法是可行的，所给出的算法均可能求得 0-1KP 实例的一个很好的近似解，甚至可求得最优解。

3.5.2 "性价比最高"的不确定表示

利用贪心算法来求解 0-1KP 时，也只能生成某个确定的近似解。若用物品的价值与重量的比值来定量地表示"性价比"，则可应用云模型来不确定地表示"性价比最高"这个模糊概念。这样，依据贪心思想的优先选择策略和云模型的随机性可以生成包含多个近似最优解的初始解，可为下一步进化并快速逼近最优解奠定基础。

贪心算法的思想是首先计算所有物品的性价比（价值和重量的比值），每次优先将性价比最高的物品放入背包。但对于0-1KP，贪心算法无法保证求得最优解，只能得到某个近似解。云模型利用赋予样本点的方法以确定度，来统一刻画语言原子中的随机性、模糊性及其关联性。下面使用半升正态云模型的3个数字特征向量来反映定性概念"性价比最高"整体上的定量特征，横坐标x表示"性价比"，纵坐标μ表示x隶属于概念的确定度，如图3-6所示。

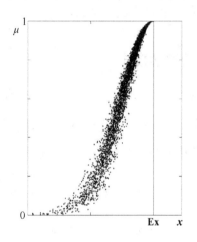

图3-6　半升正态云模型表示概念"性价比最高"

关于某个0-1 KP的"性价比最高"，我们可以用所有物品的性价比的最大值来表示期望（Expectation，Ex），期望值对应的确定度为1。熵（Entropy，En）代表定性概念的粒度，熵越大，概念越宏观。超熵（Hyper Entropy，He）是熵的不确定性度量，即熵的熵。熵和超熵针对不同问题可以依据具体情况来确定。

在给定数字特征后，我们可以通过半升正态云发生器随机生成云滴来随机选择"性价比最高"的物品。显然，性价比越高的物品，被选中的概率越大。半升正态云发生器算法的基本步骤如下。

（1）产生一个来自正态分布 $N(\text{En}, \text{He}^2)$ 的随机数 $w(\neq 0)$。

（2）产生一个来自正态分布 $N(\text{Ex}, w^2)$ 的随机数 x。

（3）若 $x > \text{Ex}$，则 $x = 2\text{Ex} - x$。

（4）计算

$$\mu = \exp\left\{-\frac{(x-\text{Ex})^2}{2w^2}\right\}$$

具有确定度 μ 的 x 成为论域 U 中的一个云滴。

3.5.3　0-1 KP 的数学描述

0-1 KP 的一般描述为：从若干个具有价值与重量的物品中选择一些装入一个具有载重限制的背包中，如何选择使装入背包中各物品的重量之和不超过背包载重且价值之和达到最大?

设有 n 个物品，用集合 I 表示，$I=\{1, 2, \cdots, n\}$，C 为背包的载重，

$$V=(v_1, v_2, \cdots, v_n)$$

$$W=(w_1, w_2, \cdots, w_n)$$

式中：v_i 与 w_i 分别为物品 i 的价值与重量，v_i、w_i 与 C 均为正整数，$i \in I$。令

$$X=(x_1, x_2, \cdots, x_n) \in \{0, 1\}^n$$

表示 0-1KP 的一个可行解，当物品 i 被装入背包时 $x_i=1$，否则，$x_i=0$。

这样，0-1KP 的数学模型可表示为

$$\text{Max } f(X) = VX = \sum_{i=1}^{n} v_i x_i$$

$$\text{s.t.} \begin{cases} WX = \sum_{i=1}^{n} w_i x_i \leqslant C \\ x_i \in \{0,1\}, i \in I \end{cases}$$

3.5.4 基于贪心思想和云模型的进化算法

1. 初始解种群

下面基于贪心思想和半升正态云发生器来随机生成初始解种群。为了简化，不妨假定这 n 个物品的"性价比"

$$R = (r_1, r_2, \cdots, r_n)$$

式中，$r_i = v_i/w_i$ 按由大到小的次序排列，$i \in I$。

显然，r_1 隶属于概念"性价比最高"的确定度最大，故可令半升云发生器的数字特征

$$\text{Ex} = r_1$$

$$\text{En} = (r_1 - r_n)/k$$

$$\text{He} = \alpha \text{En}$$

式中，k 和 α 分别为熵和超熵的控制参数。这样，可构造 0-1KP 的初始解生成算法如下。

（1）初始时，没有任何物品放入背包，$X=0$，放入背包中所有物品的重量之和 $w=0$，当前所有未放入背包的物品的集合为 T，$T \leftarrow I$。

（2）利用半升云发生器 CG(Ex，En，He) 随机产生云滴 x。

（3）云滴 x 依次与 T 中物品对应的"性价比"做比较，当 $r_j < x \leq r_i$，且 i 和 j 为 T 中前后相邻的物品时；或者当 $x \leq r_i$，且 i 是 T 中排在最后的物品时，若 $w+r_i \leq C$，则物品 i 被装入背包，$w \leftarrow w+r_i$，$X(i) \leftarrow 1$，$T \leftarrow I-\{i\}$。

（4）当 $C-w < \min\{w_s | s \in T\}$ 时，算法停止，X 即所求的初始解，否则转到步骤（2）。

相比简单的贪婪算法，通过多次执行上述算法可以生成大量近似最优解的初始解种群，尽管不能保证搜索到最优解，但有利于种群进化并逼近最优解。

2．进化算法的基本步骤

假设种群规模为 m，进化总代数为 g，下面给出该算法的基本步骤。

（1）设定初始参数 $\{m, g, k, \alpha\}$。

（2）利用初始解生成算法随机产生 m 个初始解作为当代群落。

（3）计算当代群落所有个体的适应度，并找出其中的当代最优个体，$i \leftarrow 1$。

（4）随机生成 2 个随机整数 s 和 t，满足 $0 < s < t < n$，交换 π 的第 s 列和第 t 列，分别计算 π 中所有个体的适应度，若为可行解，且个体适应度增加，则更新为该问题的一个新解，否则，保留原来的解，并找出新群落中的当代最优个体，$i \leftarrow i+1$。

（5）如果 i 达到进化总代数 g，则算法停止，当代最优个体即最优解，否则转到步骤（4）。

3.5.5　实例分析

为了验证本节算法的有效性，选取文献[194]中的 2 个实例，物品的价值和重量都按照性价比从高到低重新进行了排序，具体数据如下。

实例 3.1 物品的数量 n=50，背包容量 C=1000，物品的价值

V = (158,58,115,95,82,118,105,69,65,162,90,101,125,155,96,88,160,98,56,220, 192,100,180,77,122,208,63,180,100,73,120,130,198,60,50,30,20,8,110,75,80, 15,3,70,5,72,66,10,1,65)

物品的重量

W = (25,10,22,25,22,32,30,20,20,50,28,32,40,50,32,30,55,35,20,80,70,38,70,30, 48,82,25,72,40,30,50,55,85,30,25,15,10,4,60,45,50,10,2,50,4,60,65,10,1,66)

实例 3.2 物品的数量 n=100，背包容量 C=2010，物品的价值

V = (192,189,154,151,131,146,192,138,159,102,160,169,189,115,139,146,147, 179,142,134,138,117,96,142,124,31,83,200,200,139,143,116,184,109,94,175, 12,168,125,151,73,101,22,112,127,177,95,187,158,68,110,174,151,36,159, 183,139,155,125,84,84,53,135,18,68,113,149,60,88,143,92,59,100,130,107, 37,69,85,107,91,65,45,40,56,65,24,49,41,37,43,31,42,30,37,28,21,22,13,6,5)

物品的重量

W = (1,1,3,3,5,6,8,8,10,7,11,14,22,14,19,22,23,30,24,23,25,22,19,30,27,7,19,49, 54,38,41,34,54,32,29,56,4,56,42,51,25,35,8,42,48,67,36,74,63,28,46,78,71, 17,79,93,72,85,70,49,49,32,82,11,42,70,94,38,58,96,62,40,68,91,78,28,54, 69,89,87,63,48,45,63,74,30,65,57,62,91,67,96,71,92,82,75,97,98,47,92)

设定初始参数种群规模 m=6，进化代数 g=100，控制参数 k=3，α=0.001，通过 MATLAB 编程分别对这 2 个实例进行 50 次求解实验，并与文献[194]中提供的多种算法的结果进行比较，如表 3-2 和表 3-3 所示。显然，本节算法尽

管减少了种群规模和进化代数，但是在计算精度及稳定性方面仍优于 PSO、GA 和 MA。该算法中参数是经过多次实验的情况来选择的，适用于这两个问题，但若随着问题规模的增大，还须对参数重新设定。

表 3-2　实例 3.1 计算结果

算　法	最 优 值	最 差 值	均　值	标 准 差
PSO	2 999	2 482	2 877.2	112.3
GA	2 991	2 622	2 878.3	67.2
MA	3 072	3 019	3 043.8	11.5
本节	3 103	3 102.3	3 087	2.46

表 3-3　实例 3.2 计算结果

算　法	最 优 值	最 差 值	均　值	标 准 差
PSO	7 391	5 499	6 964.8	387.7
GA	6 639	4 906	5 991.4	387.1
MA	7 968	7 818	7 895.5	30.8
本节	8 010	7 997	8 009	3.56

对于实例 3.1，贪心算法求得的最优值与本节算法相同，但对于实例 3.2，贪心算法求得的最优值为 7991，尽管差于本节算法，但优于其他 3 种算法。可见，对于 0-1KP，贪心算法提供了较好的近似解，但还须改进。

贺毅朝等人[195]引入了贪心思想，并将其与遗传算法结合，得到一种基于贪心策略的遗传算法（Greedy Modify Operator Genetic Algorithm，GMOGA），该算法有效地处理了 KP 中的非正常编码个体，大规模 KP 能较快地找到最优解，改善了遗传算法的求解效率。周洋等人[196]受贪心算法的启发，将文献[195]中的贪心修正算子（Greedy Modify Operator，GMO）和贪心优化算子（Greedy Optimize Operator，GOO）融入传统粒子群算法中，设计了一种贪心优化粒子群（Greedy Optimize Particle Swarm Optimization，GOPSO）算法。

为了进一步体现云模型的优越性，与上述两种结合贪心思想的算法做比较，选取文献[195,196]中的 1 个实例，物品的价值和重量都按照性价比从高到低重新进行了排序，具体数据如下。

实例 3.3　物品的数量 $n=100$，背包容量 $C=10\,000$，物品的价值

V = (998,997,991,986,978,977,939,936,924,920,911,901,901,885,880,866,866,
863,856,842,809,794,792,789,778,767,764,764,763,759,756,747,739,708,707,
706,694,693,684,680,676,652,644,640,628,612,607,597,593,570,560,556,556,
556,542,538,530,530,520,498,487,466,464,461,459,456,452,443,412,399,391,
383,381,378,377,359,353,351,327,317,311,295,289,287,283,269,249,248,235,
193,189,189,134,108,93,74,51,48,23,8)

物品的重量

W = (353,180,377,230,87,174,157,390,186,213,56,86,77,215,252,90,360,187,
294,379,372,384,93,328,283,99,114,374,383,183,248,164,323,263,266,318,
296,196,10,324,128,376,19,280,229,225,217,134,233,35,361,302,166,374,392,
319,241,15,384,82,158,322,139,239,110,44,115,23,267,82,30,198,173,70,329,
125,220,107,148,159,351,56,17,99,308,396,327,235,213,223,372,376,191,299,
304,277,292,391,120,37)

初始参数不变，通过 MATLAB 编程分别对这个实例进行 30 次求解实验，并与文献[196]中提供的 2 种算法的结果进行比较，如表 3-4 所示。可见，本节算法的最差值都优于前两种算法。另外，贪心算法求得的最优值为 40 948，略差于本节算法。

表 3-4　实例 3.3 计算结果

算　法	最　优　值	最　差　值	均　值	标　准　差
GOPSO	40 627	40 613	40 625	—
GMOGAs	40 627	40 613	40 616	—
本节	41 097	40 806	40 950	66.3196

3.6 本章小结

云模型的随机性中又蕴含了稳定倾向性，可以很好地表达贪心思想中的优先选择策略，二者的有机结合为进化计算的研究进行了新的探索和尝试。与相关文献中的结果进行对比分析，可以看出本节提出的基于贪心思想和云模型的进化算法有效，基于这个思路可以继续研究聚类问题、作业调度问题等其他类型的组合优化问题。但随着问题规模的增大，须对参数重新设定。下一步拟研究这种新算法中参数最佳的设定机制，以及分析算法的收敛性和稳定性。

第 4 章
云进化策略与数值优化

4.1 引言

数值优化是进化算法的经典应用领域,也是进化算法进行性能评价的常用算例。目前已构造了各种各样复杂形式的测试函数:连续函数和离散函数、凸函数和凹函数、低维函数和高维函数、单峰函数和多峰函数、确定函数和随机函数等。对于一些非线性、多模态、多目标的函数优化问题,常规优化方法较难求解,而进化算法可以得到较好的结果。进化算法得到了广泛应用,但也暴露了一些问题,如在解决某些问题时速度较慢、对编码方案的依赖性较强、算法的稳健性不够好、易陷入局部最优解和选择压力过大造成的早熟收敛等问题。

4.2 云进化策略

结合进化策略的基本原理,下面尝试使用云模型的 3 个数字特征来整体控制一个"物种"的进化过程,进而提出一种云进化策略(Cloud Evolutionary

Strategies，CES）。

在云进化策略中，Ex 称为种子个体，表达祖先遗传的优良特性；En 称为变异熵，代表了进化的大概范围；He 称为变异超熵，表示进化的稳定性。He/En 越大则不确定性越强。En 的初始值要大些，如设定为求解范围的 1/3；初始 He 对个体的离散度有较大的影响，一般设定为 0.05En。给定父代个体 Ex 作为母体，指定熵 En 和超熵 He，利用正向云发生器便可以产生任意数量的云滴，所有满足约束限定的云滴均是该母体的后代个体。

首先定义一些基本概念。

定义 4.1 种群为一定时间内，由一个种子个体产生的个体的集合，种群中所有个体均继承了种子的优良特征，并且相对于种子个体有一定程度的变化。种群中个体的数目称为种群大小（Population Size），也称为种群规模。

定义 4.2 群落（Community）为同一时间内聚集在一起的若干种群的集合；群落中种群的数目称为丰富度（Abundance Degree）；群落中个体的数目称为群落大小（Community Size），也称群落规模；按照群落种群的规模对种群的地位进行划分，分为优势种和劣势种，其中，优势种是拥有较多个体数量的种群。

每个进化代的所有个体构成一个群落，群落划分成多个种群。子代中的不同种群分别由父代的优秀个体作为母体生成，母体的适应度不同则产生的种群规模不同，越优秀的母体产生的种群的规模越大，这体现了进化论中优胜劣汰的思想。

定义 4.3 精英个体（Elite Individual）是指进化过程中得到的适应能力最强的个体，分为当代精英和跨代精英。当代精英指一个进化代的所有个体中适应性最强的个体；跨代精英指多个进化代中适应性最强的个体，进化过程的最终结果即所有进化代中的最优跨代精英个体。出现跨代精英的进化代称为非平凡进化代，没有出现跨代精英的进化代称为平凡进化代，两个跨代精英个体之间相隔的进化代数称为连续平凡代数，即连续没有出现跨代精英个体的进化代数。

连续平凡代数是进化过程中的一个重要数据，较大的连续平凡代数说明目前搜索的邻域中难以发现更加优秀的个体，那么此时算法可以自适应地采取变异操作。

定义 4.4 变异策略（Mutation Strategy）指进化过程中变异操作的控制策略，即通过调整云的 En 和 He 来优化子代种群产生的策略。通过制定控制策略可以解决下述 2 个方面的问题。

1. 局部求精

当出现了跨代精英个体时，算法可能找到了新的极值邻域（或更加接近老的极值邻域），此时需要求精操作，方法是缩小进化范围（减小 En 和 He，如把 En 和 He 减小为原来的 $1/K$，其中 K 为大于 1 的实数，称为求精系数），从而加大搜索的精度和稳定度，以达到快速局部求精的目的。

2. 局部求变

当若干进化代没有发现新的跨代精英（连续平凡代数达到一定的阈值 λ 时），算法可能陷入了一个局部最优邻域，此时需要跳出这个局部邻域，并尝试寻找新的最优解，方法是扩大搜索范围（加大 En 和 He，如加大为原来的 L 倍，L 称为逃逸系数，$L \leqslant K$，可取 $L = \lceil \sqrt{K} \rceil$）。

假设一个群落 Com，需要设定的初始参数包括：群落规模 n，群落丰富

度 m，群落中优势种和劣势种等种群的规模（k_1, k_2, …, k_m），变异熵 En，变异超熵 He，变异阈值 λ，求精系数 K，逃逸系数 L，进化代数 G。群落和种群的关系为 $Com = \bigcup_{i=1}^{m} Pop_i$，其中，$Pop_1$ 和 Pop_2 为优势种，其余为劣势种，各个种群包括的个体的数目满足 $k_1 \geqslant k_2 \geqslant \cdots \geqslant k_m$。在每个进化代中挑选适应度最好的前 m 个最优个体，淘汰群落中所有其余个体；以选择出的第 i 个最优个体为母体产生种群规模为 k_i 的第 i 个种群，m 个种群构成新一代群落，这样就保证了越优秀的个体产生的种群规模越大。

例如，假设群落 Com 的个体总数 n=1 000，丰富度 m=10，群落规模按向量（300，200，150，50，50，50，50，50，50，50）来划分；En 的初始值设定为求解范围的 1/3，初始 He 设定为 0.05En；变异阈值 λ=5，求精系数 K=4，逃逸系数 L=2；进化代数为 100。

类似大多数进化计算方法遵循的过程，CES 的基本步骤如下。

（1）设定初始参数 $\{n, m, (k_1, \cdots, k_m), En, He, \lambda, K, L, G\}$。

（2）利用均匀分布随机产生初始群落作为当代群落。

（3）计算当代群落中所有个体的适应度，并选择出前 m 个当代最优个体。

（4）由 m 个当代最优个体产生一个新群落，更新当代群落。

（5）如果达到进化代数则算法停止，当代精英即最优解，否则转到步骤（2）。

CES 的流程图如图 4-1 所示。

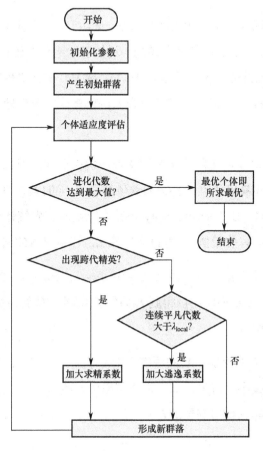

图 4-1 CES 的流程图

4.3 云进化策略的变异参数

本节对云分布随变异参数的变化进行数学分析,研究云分布离散度的一些度量指标。这将有利于云进化策略的进一步发展和广泛应用。

4.3.1 云分布和变异参数的概率统计分析

在进化策略中,变异算子是主要的进化算子。高斯变异、柯西异变和均匀变异是实数编码表示中常用的3种方法。Ex 可定义为种子个体，表现出优良的祖先遗传特征；En 定义为变异熵，近似表示进化范围；He 定义为变异超熵，反映了进化的稳定性。显然，He/En 越大，不确定性就越大。通过变异参数的变化（En 和 He），我们可以在云进化策略中灵活地实现从高斯变异到均匀变异的转换。

虽然只能得到 X 的边际概率密度函数的解析形式，但通过核平滑密度估计方法，可以很容易地计算出 $f_X(x)$ 的数值解和 $F_X(x)$ 的累积概率密度函数。可以直接调用 MATLAB 中的 ksdensity 函数，该函数首先统计样本 x 在各个区间的概率（与 hist 有些相似），再自动选择 x_i，计算对应的 x_i 点的概率密度。

为了方便统计模拟，不妨假设 Ex=0；En=1；He=0.1, 0.2, …, 60；云滴数 N=1000，那么我们就可以得到 $f_X(x)$ 和 $F_X(x)$ 的数值解，如图 4-2～图 4-4 所示，其中 λ=He/En。

显然，随着 λ 的增加，X 的概率密度函数的"尖峰"急剧增加，又迅速下降，然后慢慢减小。可见，在云进化策略中，我们可以通过 λ 的增加灵活地实现从高斯变异到均匀变异的转换。

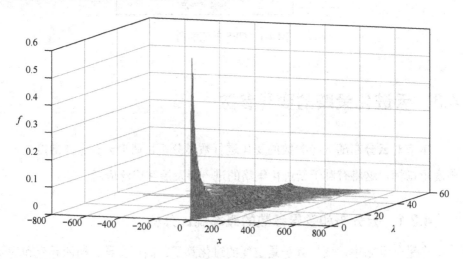

图 4-2 X 的概率密度函数

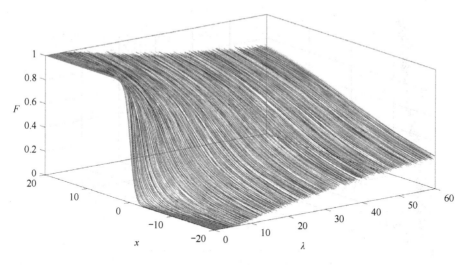

图 4-3 X 的累积概率密度函数

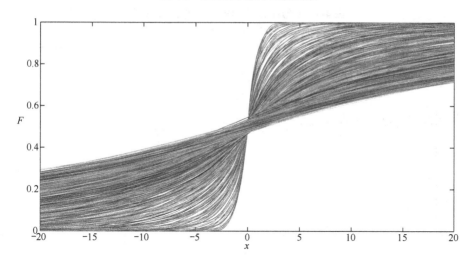

图 4-4 在二维坐标下,X 的累积概率密度函数

4.3.2 云分布的离散度

在统计学中,离散度(也称变异性、分散或扩散)表示分布的拉伸或压缩程度(基于理论或统计样本)。通过统计模拟,对统计离散度的一些测度进行了深入的分析研究,如标准差、四分差、极差和峰度,如图 4-5 和图 4-6 所示。

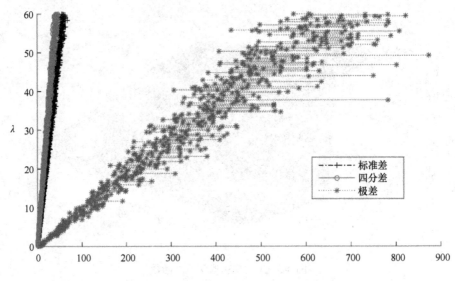

图 4-5 X 的标准差、四分差和极差的变化

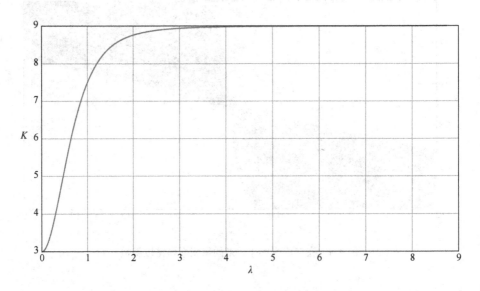

图 4-6 X 的峰度与 λ 的变化关系

标准差（Standard Deviation）是总体各单位标准值与其平均数离差平方的算术平均数的平方根，在概率统计中常用于统计分布程度（Statistical Dispersion）的测量，可以反映组内个体间的离散程度。

四分位数（Quartile）是统计学中分位数的一种，即把所有数值由小到大排列并分成 4 等份，处于 3 个分割点位置的数值就是四分位数。第一四分位数（Q1）又称"较小四分位数"，等于该样本中所有数值由小到大排列后第 25%的数字。第二四分位数（Q2）又称"中位数"，等于该样本中所有数值由小到大排列后第 50%的数字。第三四分位数（Q3）又称"较大四分位数"，等于该样本中所有数值由小到大排列后第 75%的数字。第三四分位数与第一四分位数的差距称为四分位距（Inter Quartile Range，IQR），又称四分差。四分差是描述统计学中的一种方法，以确定第三四分位数和第一二分位数的区别。与方差、标准差一样，表示统计资料中各变量的分散情形，但四分差大多数情况下是一种稳健统计。四分差反映了中间 50%数据的离散程度。其数值越小，说明中间的数据越集中；数值越大，说明中间的数据越分散。与极差（最大值与最小值之差）相比，四分差不受极值的影响。此外，由于中位数处于数据的中间位置，因此四分差的大小在一定程度上也说明了中位数对一组数据的代表程度。

极差又称范围误差或全距（Range），是用来表示统计资料中的变异量数（Measures of Variation），其最大值与最小值之间的差距，即最大值减最小值后所得的数据。它是标志值变动的最大范围，是测定标志变动的最简单的指标。

峰度（Peakedness，Kurtosis）又称峰态系数，是表征概率密度分布曲线在平均值处峰值高低的特征数。在直观上看，峰度反映了峰部的尖度。任何单变量正态分布的峰度都是 3，样本的峰度是和正态分布相比较而言的统计量，如果峰度大于 3，峰的形状比较尖，比正态分布要陡峭。在统计学中，峰度衡量实数随机变量概率分布的峰态。峰度高就意味着方差增大是由低频度的大于或小于平均值的极端差值引起的。

根据变量值的集中与分散程度，峰度一般表现为 3 种形态：尖顶峰度、平顶峰度和标准峰度。当变量值的次数在众数周围分布比较集中时，使次数分布曲线比正态分布曲线顶峰更为隆起尖峭，称为尖顶峰度；当变量值的次数在众数周围分布较为分散时，使次数分布曲线较正态分布曲线更为平缓，称为平顶峰度。可见，尖顶峰度或平顶峰度都是相对正态分布曲线的标准峰度而言的。

$C(\text{Ex}，\text{En}，\text{He})$的峰度为

$$K(X) = E\left[(X-\text{Ex})^4\right]/\left[D(X)\right]^2$$

$$= \frac{3\text{En}^4 + 18\text{En}^2\text{He}^2 + 9\text{He}^4}{(\text{En}^2 + \text{He}^2)^2}$$

$$= \frac{3 + 18\lambda^2 + 9\lambda^4}{(1+\lambda^2)^2}$$

$$= 9 - \frac{6}{(1+\lambda^2)^2}$$

显然，$3 < K(X) < 9$，因此正态云模型为重尾分布[151]。

图 4-5 表明，随着 λ 的增加，标准差的变化和四分差远低于极差的变化。可见，云变异既能保持祖先遗传的优良特性，又能实现更好的全局优化。从图 4-6 和表 4-1 可以看出，随着 λ 的增加，X 的峰度迅速接近 9。但随着 λ 从 0 增加到 9，X 趋于服从均匀分布。

表 4-1 当 λ 从 1 增加到 9 时，X 的峰度取值

λ	1	2	3	4	5	6	7	8	9
K	7.5000	8.7600	8.9400	8.9792	8.9911	8.9956	8.9976	8.9985	8.9991

因此，云分布的形状变化不能用峰度来直观描述。

4.4 云进化策略的统计分析

通过引入灵活的精英保护机制来防止局部最优提前收敛，大大提高了基于云模型的进化策略的计算稳定性。本节采用的计算对象是一个复杂的多维

解析函数——Deb 函数。使用这类函数评价进化策略计算性能的好处是可以事先通过其他方法求得最优解，这样便于评价进化策略及其改进型的计算性能。本节从统计学的角度对多次重复计算的结果进行分析，试图得到进化策略的稳定性和可信度的相关结论，通过分析进化策略及其改进型求解解析问题的计算效果，再把所得到的相关结论推广应用到复杂的工程实际问题中。

Deb 函数：

$$f(\boldsymbol{x}) = 1 + \sum_{i=1}^{n}\left[x_i^2 - 10 \cdot \cos(4\pi x_i)\right]/n$$

式中，$x_i \in [-10, 10]$，$i = 1, 2, \cdots, n$。Deb 函数在 $\boldsymbol{x} = (\pm 9.7624, \pm 9.7624, \cdots, \pm 9.7624)$ 处达到最大值 106.1833。二维 Deb 函数如图 4-7 所示。

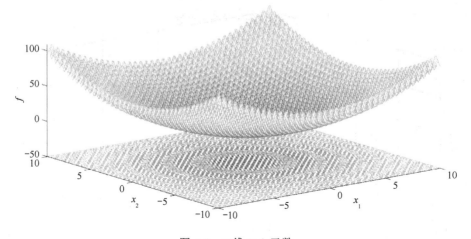

图 4-7 二维 Deb 函数

为便于与文献[199]做比较，设每代个体总数 N=180，群落丰富度 M=10，种群规模 PS=(50，40，20，10，10，10，10，10，10，10)，λ_0=10，K=4，进化代数 G=200。

首先，将 CES 应用于求解 10 维 Deb 函数。每一代的函数值如图 4-8 所示。从图 4-9 中可以明显看出，En 和 He 是随时间变化的。算法开始进入局部最优解，全局最优解被快速搜索到不止一次。

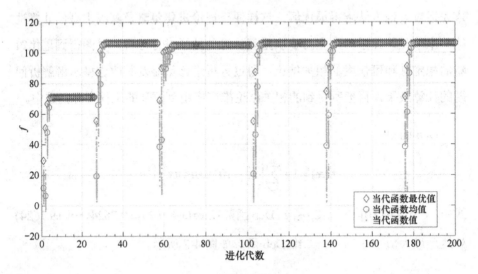

图 4-8 每一代的函数值

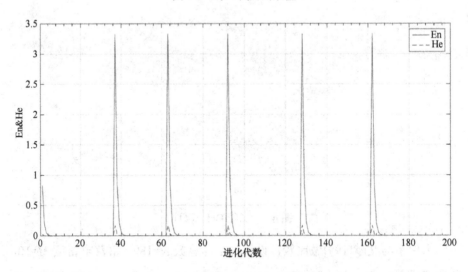

图 4-9 进化过程中 En 和 He 的变化

最后，通过 50 次迭代计算，将该算法应用于该问题的求解。改进的 CES 结果中有 47 次于 $x=(\pm 9.762414, \pm 9.762414, \cdots, \pm 9.762414)$ 处达到最大值 106.183295，其他 3 次的最大值是 106.183270，106.183289，106.183294。从

表 4-2 可以看出，改进后的云进化策略在计算稳定性和准确率上都优于遗传算法。图 4-10 为 50 个计算结果中最优函数值的概率分布直方图。从图 4-10 的统计数据可以看出，精英保护机制在 CES 中发挥了重要作用。

表 4-2 CES 与 GA 的优化结果比较

	GA	CES
Mean	106.1696	106.18329
Standard Deviation	7.62×10^{-3}	3.679×10^{-6}
Variance	5.8058×10^{-5}	1.353×10^{-11}

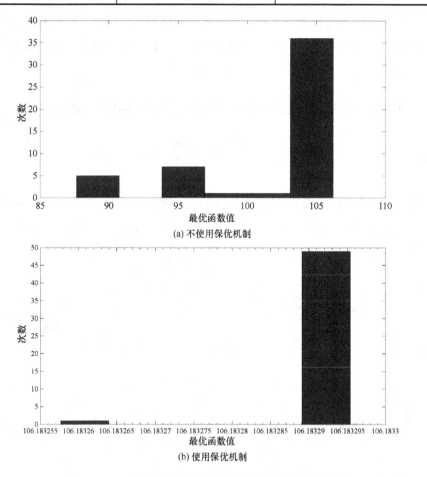

(a) 不使用保优机制

(b) 使用保优机制

图 4-10 50 个计算结果中最优函数值的概率分布直方图

4.5 Ackley's 函数求解

Ackley's 函数最早由 D.H. Ackley[200]提出，T. Back[201]将其扩展到任意维。Ackley's 函数是指数函数叠加上适度放大的余弦而得到的连续型实验函数，其特征是一个几乎平坦的区域由余弦波调制形成一个个孔或峰，从而使曲面起伏不平。Ackley 指出，这个函数的搜索十分复杂，因为一个严格的局部最优化算法在爬山过程中不可避免地要落入局部最优的陷阱；而扫描较大领域就能越过干扰的山谷，达到较好的最优点。Ackley's 函数被广泛用于测试优化算法。

Ackley's 函数问题是一个最小化问题，即求下面函数的最小值：

$$f(\boldsymbol{x}) = -c_1 \cdot \exp\left(-c_2\sqrt{\frac{1}{n}\sum_{i=1}^{n}x_i^2}\right) - \exp\left(\frac{1}{n}\sum_{i=1}^{n}\cos(c_3 \cdot x_i)\right) + c_1 + e$$

式中，$\boldsymbol{x}=(x_1, x_2, \cdots, x_n)$，$x_i \in (-32.768, 32.768)$，$c_1=20$，$c_2=0.2$，$c_3=2\pi$，$n$ 是函数的维数。在本书中，我们只考虑 $n=2$。二维 Ackley's 函数如图 4-11 所示，

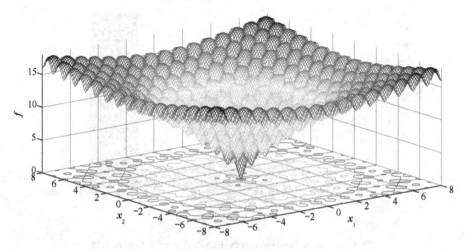

图 4-11　二维 Ackley's 函数

第4章 云进化策略与数值优化

其特征是外部区域近乎平坦,中心有一个大洞。Ackley's 函数在原点处的最小值为 0。

郁磊等人[202]提出了一种基于遗传算法和非线性规划的优化算法。该方法结合非线性规划思想,可以提高标准遗传算法的搜索性能,但收敛速度不显著。

为了比较和分析,设置每一代的个体总数 n=20,种群丰富度 m=10,人口规模 PS=(6, 4, 3, 1, 1, 1, 1, 1, 1, 1),λ=3,K=4,L=2,进化代数 G=30。

从图 4-12(a)~图 4-12(c)可以看出 3 种算法的收敛性能,CES 对于 Ackley's 函数问题的综合优势。CES 算法在收敛速度和搜索精度方面优于其他算法,如表 4-3 所示。

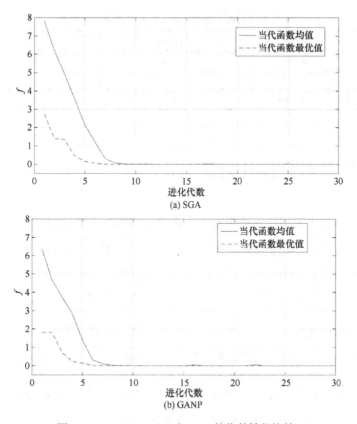

图 4-12 SGA、GANP 和 CES 的收敛性能比较

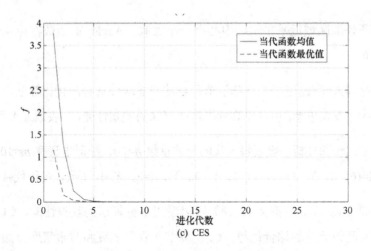

(c) CES

图 4-12 SGA、GANP 和 CES 的收敛性能比较（续）

表 4-3 SGA、GANP 和 CES 的优化结果比较

	SGA	GANP	CES
f	0.5266	5.4×10^{-10}	3.55×10^{-15}
x_1	0.0035	-2.06×10^{-8}	1.30×10^{-15}
x_2	-0.1004	-8.05×10^{-9}	2.87×10^{-16}

4.6 软件可靠性分配实例分析

假设模块化的软件系统由 m 个功能独立的模块组成,用整数 $1,2,3,\cdots,m$ 来分别表示各暂时（Transient）模块, T 表示系统运行终结（Terminal）,模块 1 是该软件系统的唯一入口。因此,此理想软件系统可用时齐马尔可夫链描述,其状态空间为 $S=\{1,2,\cdots,m,T\}$,转移矩阵为 $\boldsymbol{P}=(p_{ij})_{i,j\in S}$,其中, p_{ij} 表示在执行模块 i 的条件时下一时刻转移执行模块 j 的概率, p_{iT} 表示在模块 i 处软件系统运行结束的概率。由于 T 处于吸收状态,则 $p_{TT}=1$。

因为软件系统可靠性不仅与转移矩阵有关,而且与各模块的可靠性有关,设模块 i 的可靠度为 r_i,则软件系统可靠性函数

$$R_s = \sum_{i=1}^{m}(\boldsymbol{I} - \tilde{\boldsymbol{Q}})_{1i}^{-1} r_i p_{iT} \tag{4-1}$$

式中，$\boldsymbol{I}$ 为单位阵，$\tilde{\boldsymbol{Q}} = (\tilde{q}_{ij})_{m \times m}$，$\tilde{q}_{ij} = r_i p_{ij}$ 表示模块 i 正确执行后转移到模块 j 的概率。

在软件开发过程中，我们必须在整个系统的可靠度和其开发费用之间做出合理的权衡和最优的选择。软件系统中每个模块的可靠性与其开发费用都有着密切的联系。费用函数有多种形式，一般而言，模块 i 的开发费用 $C_i(r_i)$ 是该模块可靠度 r_i 的增函数。为模型处理方便，较简单的形式就是线性费用函数 $C_i(r_i) = a_i + b_i \cdot r_i$，但是对于高可靠度软件系统而言，其费用用线性函数表示并不合理，故一般采用指数费用函数[203]

$$C_i(r_i) = a_i \mathrm{e}^{b_i r_i}$$

式中，参数 a_i 和 b_i 为正常数。要确定这些参数应考虑设计复杂度、编程人员技巧、调试工具等影响因素。

对于一个包含 m 个模块的软件系统，其开发费用函数为

$$f(r) = \sum_{i=1}^{m} C_i(r_i) = \sum_{i=1}^{m} a_i \mathrm{e}^{b_i r_i} \tag{4-2}$$

在软件的详细设计阶段，结合软件开发费用函数可以对软件可靠度进行最优分配，从而对系统的可行性研究提供依据。软件可靠度分配模型有以下 2 种[204]。

（1）在软件系统可靠度 R_0 给定的情况下，要求软件开发费用达到最小。

$$\min f(r) = \sum_{i=1}^{m} C_i(r_i) \tag{4-3}$$

$$\text{s.t.} \begin{cases} R_s = \sum_{i=1}^{m}(\boldsymbol{I} - \tilde{\boldsymbol{Q}})_{1i}^{-1} r_i p_{iT} \geqslant R_0 \\ 0 < r_i \leqslant 1, \quad 1 \leqslant i \leqslant m \end{cases}$$

(2) 在软件系统开发费用 C_0 给定的情况下，要求软件的可靠度最大。

$$\max R_s = \sum_{i=1}^{m}(I-\tilde{Q})_{1i}^{-1} r_i p_{iT}$$

$$\text{s.t} \begin{cases} \sum_{i=1}^{m} C_i(r_i) \leq C_0 \\ 0 < r_i \leq 1, \quad 1 \leq i \leq m \end{cases}$$

下面，我们考虑把云进化策略 CES 应用到软件可靠度分配问题中。

假设软件系统的模块数 $m=3$，其理想转移矩阵

$$P = \begin{bmatrix} 0.8 & 0.2 & 0 & 0 \\ 0.4 & 0.4 & 0.2 & 0 \\ 0.4 & 0 & 0.4 & 0.2 \\ 0 & 0 & 0 & 1 \end{bmatrix}$$

各模块费用函数的参数 $a_1=16$，$a_2=9$，$a_3=10.8$，$b_1=3$，$b_2=2.35$，$b_3=1.7$，费用单位为千元。

假定软件系统的可靠度要求为 $R_0 \geq 0.9$，以软件开发费用达到最小为目标对软件进行可靠度分配。我们根据式（4-3）建立模型如下：

$$\min f(r) = 16 \cdot \exp(3 \cdot r_1) + 9 \cdot \exp(2.35 \cdot r_2) + 10.8 \cdot \exp(1.7 \cdot r_3)$$

$$\text{s.t.} \begin{cases} \sum_{i=1}^{3}(I-\tilde{Q})_{1i}^{-1} r_i p_{iT} \geq 0.9 \\ 0 < r_i \leq 1, \quad 1 \leq i \leq 3 \end{cases}$$

我们使用 CES 对上述模型进行求解，计算结果如表 4-4 所示，同时也列出了文献[203-205]中常规数值方法和文献[204]中 GA 的软件可靠性分配结果。通过比较发现，CES 在满足软件系统的可靠性的要求下，使软件开发费用达到了最小。该实例说明 CES 十分有效且具有很好的优化能力，故可以认

为 CES 可以更好地解决此类问题。

表 4-4 软件可靠度计算结果

算法	r_1	r_2	r_3	R	$f(r)$
文献[205]	0.999 900	0.999 000	0.990 000	0.934 270	472.597 080
文献[203]	0.998 760	0.996 370	0.999 990	0.900 160	472.861 450
	0.997 920	0.999 990	0.996 630	0.899 780	472.518 310
	0.997 670	0.999 680	0.999 990	0.900 900	472.546 870
GA[204]	0.997 559	0.999 939	0.999 989	0.900 011	472.497 931
	0.997 545	0.999 985	0.999 978	0.900 018	472.493 628
CES	0.997 537	0.999 999	0.999 998	0.900 002	472.491 569

4.7 本章小结

本章介绍了一种云进化策略方法，基于概率统计理论分析了云进化策略中变异参数对云分布的影响，对云模型的概率密度函数及累积概率密度函数进行了形象直观的模拟分析，得到了若干结论；研究了云分布的一些离散度量值，如标准差、四分位差、极差和峰度。通过统计分析，随着 $\lambda=He/En$ 的增加，X 的峰度很快收敛到 9，X 的分布趋于均匀分布。因此，云分布的形状变化不能被峰度直观刻画，峰度不适合作为云进化策略的变异参数。

通过引入灵活的精英保护机制来防止局部最优提前收敛，大大提高了基于云模型的进化策略的计算稳定性，通过对多维解析函数——Deb 函数的多次重复计算实验表明，相比于遗传算法，云进化策略方法的计算结果具有更好的稳定性；为进一步验证算法的有效性，对 Ackley's 函数进行了仿真实验，实验结果表明云进化策略具有精度高、收敛速度快等优点。

将云进化策略应用于求解软件可靠度分配模型，实例表明可以得到比常规的数值方法及遗传算法更精确的结果。

附录 A MATLAB 源程序

1. 旅行商问题

```
clc                                  %清屏
clear all                            %清除所有变量
echo off all                         %不显示所有文件中执行的指令
close all                            %清图
format long                          %显示15位双精度
global n_citys                       %全局变量城市个数
[n_citys,city_position]=ReadTSPFile('……\TSP\dantzig42.tsp'); %读取城市坐标
city_distance=zeros(n_citys,n_citys);%所有城市完全图的赋权邻接矩阵
for i=1:n_citys
for j=1:n_citys
city_distance(i,j)=
sqrt((city_position(i,1)-city_position(j,1))^2+(city_position(i,2)-city_position(j,2))^2);
end
end
n=9;              %群落大小
m=n_citys-1;%自变量个数
evolutionary_generations=2000;       %进化总代数
K=60;                                %熵控制参数
alpha=0.001;                         %超熵控制参数
global Enx1 Enx2 Hex1 Hex2
Enx1=(max(city_position(:,1))-min(city_position(:,1)))/K; Hex1=alpha*Enx1;
Enx2=(max(city_position(:,2))-min(city_position(:,2)))/K; Hex2=alpha*Enx2;
global_best_result=inf;              %全局最优值
global_bestseedx=zeros(1,m);         %全局最优路径
```

```
bestseedx=zeros(1,m);
xn=zeros(evolutionary_generations,n,m);
fn=zeros(evolutionary_generations,n);%保存每代个体信息
xx=zeros(evolutionary_generations,m);
ff=zeros(1,evolutionary_generations); %保存每代精英信息
f=zeros(1,n);    f2=zeros(1,n);
count = 1;                       %进化代数计数器
%%%%%%%%%%%%%%%%%%%%%%%%%%%%%%%%%%%产生初始种群
path=CloudGreedTsp(city_position,1,n);
x=path(:,2:n_citys);
for i=1:n %计算 n 个组合中每个组合城市环游距离
        f(1,i)=city_distance(1,x(i,1))+city_distance(x(i,m),1);
for j=1:m-1
        f(1,i)=f(1,i)+city_distance(x(i,j),x(i,j+1));
end
end
%%%%%%%%%%%%%%%%%%%%%%%%%%%%%%%%%%%%迭代计算过程
while count<=evolutionary_generations%如果进化的代数小于等于 total_generation
        xn(count,:,:)=x;     %保存每代个体信息
        fn(count,:)=f;
%%%%%%%%%%%%%%%%个体适应度评估，按照个体适应度对群落个体进行排序
[Yf,I_f]=sort(f);      %求最小值时要正向排序,适应度值放在数组 Yf 中，对应的个
                       %体下标放在数组 I_f 中
current_best_result=Yf(1); %保存当代精英 f
bestseedx=x(I_f(1),:);   %保存当代精英 x
ff(count)=current_best_result;%保存每代精英的信息
xx(count,:)=bestseedx;
if current_best_result< global_best_result
              global_best_result=current_best_result;
              global_bestseedx =bestseedx;
end
%%%%%%%%%%%%%%%%从矩阵中随机选取两列，然后交换两列之间的所有列
id=randperm(m);
```

```
s=id(1);t=id(2);
if s>t%从小到大
s=id(2); t=id(1);
end
x2=x;
while s<t
x2(:,s)=x(:,t);x2(:,t)=x(:,s);
s=s+1;t=t-1;
end
for i=1:n %计算变换后 n 个组合中每个组合城市环游距离
f2(1,i)=city_distance(1,x2(i,1))+city_distance(x2(i,m),1);
for j=1:m-1
f2(1,i)=f2(1,i)+city_distance(x2(i,j),x2(i,j+1));
end
if f2(1,i)<f(1,i)
x(i,:) = x2(i,:);
f(1,i)=f2(1,i);
end
end
%%%%%%%%%%%%%%从矩阵中随机选取两列，然后将第一列插到第二列的前面
id=randperm(m);s=id(1);t=id(2);
if s>t%从小到大
s=id(2); t=id(1);
end
if t-s>1
  x2 = x;
  x2(:,s:t-2) = x(:,s+1:t-1); x2(:,t-1) = x(:,s);
    for i=1:n %计算变换后 n 个组合中每个组合城市环游距离
    f2(1,i)=city_distance(1,x2(i,1))+city_distance(x2(i,m),1);
    for j=1:m-1
        f2(1,i)=f2(1,i)+city_distance(x2(i,j),x2(i,j+1));
    end
    if f2(1,i)<f(1,i)
```

```
            x(i,:) = x2(i,:);
            f(1,i)=f2(1,i);
        end
        end
    end
count=count+1;
end%进化代数循环
%%%%%%%%%%%%%%%%%%%%%%%%%%%%%%%%%%%%%%%%%画图
city_order=zeros(n_citys+1,2);
city_order(1,:)=city_position(1,:);
city_order(n_citys+1,:)=city_position(1,:);
for i=2:n_citys
    city_order(i,:)=city_position(global_bestseedx(i-1),:);
end
figure
axes('linewidth',0.4);
plot(city_position(:,1),city_position(:,2),'ro');
hold on
plot(city_order(:,1),city_order(:,2),'b-','linewidth',0.8);
xlabel('\it x','fontname','times new roman','fontsize',24);
ylabel('\it y','rotation',0,'fontname','times new roman','fontsize',24);
set(gca,'fontname','times new roman','FontSize',24);
hold off
figure
axes('linewidth',0.4);
plot(1:evolutionary_generations,ff,'r.');
grid
xlabel('evolutionary generations','fontsize',24);
ylabel('\it f','rotation',0,'fontsize',24,'fontname','times new roman');
set(gca,'fontname','times new roman','FontSize',24);
%%%%%%%%%%%%%%%%% MATLAB 读取标准 TSPLIB 中的 TSP 问题的文件的函数
function [n_citys,city_position]=ReadTSPFile(filename)
%READTSPFILE 读取 TSP 文件信息
```

```
% filename :TSP 文件名
% n_city：城市个数
% city_position  城市坐标
fid=fopen(filename,'rt'); %以文本只读方式打开文件
if(fid<=0)
disp('文件打开失败！')
return;
end
location=[];A=[1 2];
tline=fgetl(fid);%读取文件第一行
while ischar(tline)
if(strcmp(tline,'NODE_COORD_SECTION'))
while    ~isempty(A)
A=fscanf(fid,'%f',[3,1]);   %读取节点坐标数据，每读取一行之后，文件指针会自
%动指到下一行 A 的维数[3,1]。从原始文件中读的时候是按行读，写入 A 中时按
%列优先，直到满足 sizeA 所表示的维数，其余的丢弃不要。
if isempty(A)
break;
end
location=[location;A(2:3)'];%将节点坐标保存到 location 中
end
end
tline=fgetl(fid);
if strcmp(tline,'EOF') %判断文件是否结束
break;
end
end
[m,~]=size(location);
n_citys=m;
city_position=location;
fclose(fid);
end
%%%%%%%%%%%%%%%%%%%%%%%%%%%%%%%%%%%%%%%%%%%%%%%
```

```
function path=CloudGreedTsp(C,first,n)
%first 起始点的序号
global n_citys Enx1 Enx2 Hex1 Hex2
path=zeros(n,n_citys);
CD=zeros(1,n_citys);
for t=1:n
            path(t,1)=first;
            Ex1=C(1,1);Ex2=C(1,2);
    for i=1:n_citys-1
        x1=randn(1)*abs(randn(1)*Hex1+Enx1)+Ex1;%随机生成一个云滴
        x2=randn(1)*abs(randn(1)*Hex2+Enx2)+Ex2;
         rowmin=inf;
         rowminloc=0;
        for j=2:n_citys
    if ismember(j,path(t,:))==0
                CD(1,j)=((x1-C(j,1))^2+(x2-C(j,2))^2)^0.5;
                 if CD(1,j)<rowmin
                     rowmin=CD(1,j);
                     rowminloc=j;
                 end
            end
        end
        path(t,i+1)=rowminloc;
        Ex1=C(rowminloc,1);Ex2=C(rowminloc,2);
    end
  end
end
```

2. 背包问题

```
%基于贪心思想的云进化策略在 KP 中的应用关于算法稳定性和可信度方面的分析
%%%%%%%%%%%%%%%%%%%%%%%%%%%%%%%%%%%%%%基本设置
clc                                      %清屏
clear all                                %清除所有变量
```

```matlab
echo off all                          %不显示所有文件中执行的指令
close all                             %清图
format long                           %显示15位双精度
%%%%%%%%%%%%%%%%%%%%%%%%%%%%%%%%%%%%%%%%实例50
n=50;                                 %物品数量
C=1000;                               %背包容量
V0=[220, 208, 198, 192, 180, 180, 65, 162, 160, 158, 155, 130, 125, 122, 120, 118, 115,
110, 105, 101, 100, 100, 98, 96, 95, 90, 88, 82, 80, 77, 75, 73, 72, 70, 69, 66, 65, 63, 60, 58, 56,
50, 30, 20, 15, 10, 8, 5, 3, 1];      %价值
W0=[80, 82, 85, 70, 72, 70, 66, 50, 55, 25, 50, 55, 40, 48, 50, 32, 22, 60, 30, 32, 40, 38, 35,
32, 25, 28, 30, 22, 50, 30, 45, 30, 60, 50, 20, 65, 20, 25, 30, 10, 20, 25, 15, 10, 10, 10, 4, 4, 2, 1];
                                      %重量
%%%%%%%%%%%%%%%%%%%%%%%%%%%%%%%%%%%%%%%%实例100
% n=100;                              %物品数量
% C=2010;                             %背包容量
% V0=[68, 101, 125, 159, 65, 146, 28, 92, 143, 37, 5, 154, 183, 117, 96, 127, 139, 113,
100, 95, 12, 134, 65, 112, 69, 45, 158, 60, 142, 179, 36, 43, 107, 143, 49, 6, 130, 151, 102, 149,
24, 155, 41, 177, 109, 40, 124, 139, 83, 142, 116, 59, 131, 107, 187, 146, 73, 30, 174, 13, 91, 37,
168, 175, 53, 151, 125, 31, 192, 138, 88, 184, 110, 159, 189, 147, 31, 169, 192, 56, 160, 138, 84,
42, 151, 37, 21, 22, 200, 85, 135, 200, 139, 189, 68, 94, 84, 22, 18, 115];
% W0=[42, 35, 70, 79, 63, 6, 82, 62, 96, 28, 92, 3, 93, 22, 19, 48, 72, 70, 68, 36, 4, 23, 74,
42, 54, 48, 63, 38, 24, 30, 17, 91, 89, 41, 65, 47, 91, 71, 7, 94, 30, 85, 57, 67, 32, 45, 27, 38, 19,
30, 34, 40, 5, 78, 74, 22, 25, 71, 78, 98, 87, 62, 56, 56, 32, 51, 42, 67, 8, 8, 58, 54, 46, 10, 22, 23,
7, 14, 1, 63, 11, 25, 49, 96, 3, 92, 75, 97, 49, 69, 82, 54, 19, 1, 28, 29, 49, 8, 11, 14];
%%%%%%%%%%%%%%%%%%%%%%%%%%%%%%%%%%按单位价值从大到小排序
V=zeros(1,n);W=zeros(1,n);
UnitV=V0./W0;                         %单位价值
[DescendUnitV,Vi]=sort(UnitV,'descend');%
for i=1:n%
    V(i)=V0(Vi(i)); W(i)=W0(Vi(i));
end
%%%%%%%%%%%%%%%%%%%%%%%%%%%%%%%%%%%%%%%贪心算法解
GreedLoad=zeros(1,n);                 %放入背包物品矩阵
```

```
GreedLoadW=0;                              %已放入物品的总重量
GreedLoadV=0;                              %已放入物品的总价值
for i=1:n
    if GreedLoadW+W(i)<=C
        GreedLoad(1,i)=1;    GreedLoadW= GreedLoadW+W(i);    GreedLoadV= GreedLoadV+V(i);
    end
end
%%%%%%%%%%%%%%%%%%%%%%%%%%%%%%%%%%%%%%计算稳定性分析
K=3;                                       %熵控制参数
alpha=0.001;                               %超熵控制参数
Ex=DescendUnitV(1);En =(DescendUnitV(1)-DescendUnitV(n))/K; He = alpha*En;
MAX=1000;MINW=min(W);
m=6 ;                                      %群落大小
evolutionary_generations =100;             %进化总代数
repeat=1; RBestLoadV=zeros(1,repeat);      %多次放入背包物品最大值
for r=1:repeat
%%%%%%%%%%%%%%%%%%%%%%%%%%%%%%%%%%%%%%初始化种群
Load=zeros(m,n);                           %放入背包物品矩阵
LoadW=zeros(1,m);                          %已放入物品的总重量
LoadV=zeros(1,m);                          %已放入物品的总价值
    for j=1:m%m 个解
        Cleft=C-LoadW(1,j);                %剩余空间
        minleftgoodW=MINW;                 %未放入背包的最轻物品数
        W2=W;                              %求剩余最小物品重量
        while Cleft>=minleftgoodW          %还可以继续装物品
            x = randn(1) * abs(randn(1)* He + En) + Ex ;%随机生成一个云滴
        if x>Ex
            x=2*Ex-x;                      %左半云
        end
        for i=2:n                          %随机选择物品
            s=0;                           %没选择任何物品
            if x>DescendUnitV(i)
```

```
                    e=i-1;
                    while    e>0 && Load(j,e)~=0       %选择未放入背包的上一项
                            e=e-1;
                    end
                    if e>0
                    s=e;     break;                    %退出 for 循环
                    end
                else
                    if i==n && Load(j,n)==0
                        s=n;
                    end
                end
            end
            if s~=0 &&Cleft>=W(1,s)&&Load(j,s)==0 %如果剩余空间能放入 s，且 s 未放入
                Load(j,s)=1;LoadW(1,j)=LoadW(1,j)+W(1,s);
LoadV(1,j)=LoadV(1,j)+V(1,s); Cleft=Cleft-W(1,s);
                W2(1,s)=MAX;minleftgoodW=min(W2);   %求剩余物品的最大值
            end
        end%还可以继续装物品
    end
%%%%%%%%%%%%%%%%%%%%%%%%%%%%%%%%%%%%%%%%%%%%%%进化
count = 2;                                  %进化代数计数器
ELoad=zeros(evolutionary_generations,m,n);ELoad(1,:,:)=Load;%历史进化数据
ELoadV=zeros(evolutionary_generations,m);ELoadV(1,:)=LoadV;
ELoadW=zeros(evolutionary_generations,m);ELoadW(1,:)=LoadW;
[BestLoadV,Indexm]=max(LoadV);
%% %%%%%%%%%%%%%%%%%%%%%%%%%%%%%%%%%%%%%%%%最优个体
BestLoad=Load(Indexm,:);
BestLoadW=LoadW(Indexm);
HBestLoadV=zeros(evolutionary_generations,1);
HBestLoadV(1,1)=BestLoadV;                  %历代最优
CurrentLoad=Load;CurrentLoadV=LoadV;CurrentLoadW=LoadW;%当代数据
while count<=evolutionary_generations %如果进化的代数小于等于 total_generation
```

```
    id = randperm(n);
s=id(1);t=id(2);%随机交换两列
    CurrentLoad2 = CurrentLoad;
CurrentLoad2(:,s) = CurrentLoad(:,t); CurrentLoad2(:,t) = CurrentLoad(:,s);
    CurrentLoadV2=CurrentLoad2*V';   CurrentLoadW2=CurrentLoad2*W';
    for i=1:m%保优
        if  CurrentLoadV2(i)>CurrentLoadV(i) &&   CurrentLoadW2(i)<C
           CurrentLoadV(i)=CurrentLoadV2(i);       CurrentLoadW(i)=CurrentLoadW2(i);
            CurrentLoad(i,:)=CurrentLoad2(i,:);
        end
    end
[BestCurrentLoadV,Indexm2]= max(CurrentLoadV);%更新最优
 if BestCurrentLoadV>BestLoadV
     BestLoadV=BestCurrentLoadV;
     BestLoad=CurrentLoad(Indexm2,:);
     BestLoadW=CurrentLoadW(Indexm2);
 end
   ELoad(count,:,:)=CurrentLoad;
   ELoadV(count,:)= CurrentLoadV;
ELoadW(count,:)= CurrentLoadW;
   HBestLoadV(count,1)=BestLoadV;
   count =count+1;
end
RBestLoadV(r)=BestLoadV;
end
maxRBestLoadV=max(RBestLoadV);minRBestLoadV=min(RBestLoadV);
meanRBestLoadV=mean(RBestLoadV);stdRBestLoadV=std(RBestLoadV);
```

参 考 文 献

[1] 王正志，薄涛. 进化计算[M]. 长沙：国防科技大学出版社，2000.

[2] 王凌. 智能优化算法及其应用[M]. 北京：清华大学出版社，2001.

[3] 汪定伟. 智能优化方法[M]. 北京：高等教育出版社，2007.

[4] 张文修. 遗传算法的数学基础[M]. 西安：西安交通大学出版社，2003.

[5] 王小平，曹立明. 遗传算法——理论、应用与软件实现[M]. 西安：西安交通大学出版社，2002.

[6] 陈国良，王熙法，庄镇泉，等. 遗传算法及其应用[M]. 北京：人民邮电出版社，2003.

[7] J. H. Holland. Concerning efficient adaptive systems[M]. In Yovirs. M. C. Eds. Self-Organizing Systems，Washington D. C. ：Spartan Books，1962：215-230.

[8] J. H. Holland. Adaptation in natural and artificial system[M]. Ann Arbor：The University of Michigan Press，1975.

[9] S. A. Jafari，S. Mashohor，M. J. Varnamkhasti. Committee neural networkswith fuzzy genetic algorithm[J]. Journal of Petroleum Science &Engineering，2011，76(34)：217-223.

[10] 张铍，张铃. 佳点集遗传算法[J]. 计算机学报，2001，24(9)：917-922.

[11] 孟伟，韩学东，洪炳镕，等. 蜜蜂进化型遗传算法[J]. 电子学报，2006，34(7)：1294-1300.

[12] 杨启文，蒋静坪，张国宏，等. 遗传算法优化速度的改进[J]. 软件学报，2001，12(2)：270-275.

[13] 吴少岩，许卓群. 遗传算法中遗传算子的启发式构造策略[J]. 计算机学报，1998，21(11)：1003-1008.

[14] Z. Michalewicz. Genetic algorithm+data structure=evolution programs[M]. Berlin：Springer-Verlag，1996.

[15] H. P. Schwefel. Numerical optimization of computer models by means of the evolutionary strategy[M]. Basel，Switzerland：Birkhauser，1977.

[16] I. Rechenberg. Evolutionary strategy：optimization of technical systems according to the principles of biological evolution[M]. Stuggart，Germany：Frommann-Holzboog，1973.

[17] L. J. Fogel, A. J. Owens, M. J. Walsh. Artificial intelligence through simulated evolution[M]. New York: JohnWiley, 1966.

[18] D. B. Fogel. Evolutionary computation: toward a new philosophy of machine intelligence[M]. IEEE Press, 1995.

[19] N. L. Cramer. A representation for the adaptive generation of simple sequential programs[C]. Proceedings of an International Conference on Genetic Algorithms and their Applications, Carnegie Mellon University, Pittsburgh, PA, USA, 1985: 183-187.

[20] J. R. Koza. Genetic programming: on the programming of computers by means of natural selection[M]. Cambridge, USA: MIT Press, 1992.

[21] J. R. Koza. Genetic programming II: automatic discovery of reusable programs[M]. Cambridge, MA: MIT Press, 1994.

[22] 刘大有, 卢奕南, 王飞, 等. 遗传程序设计方法综述[J]. 计算机研究与发展, 2001, 38(2): 213-222.

[23] R. M. Storn, K. V. Price. Differential evolution: a simple and efficient heuristic for global optimization over continuous spaces[J]. Journal global optimization, 1997, 11 (4): 341-359.

[24] 丁青锋, 尹晓宇. 差分进化算法综述[J]. 智能系统学报, 2017, 12(4): 431-442.

[25] K. V. Price, R. M. Storn, J. A. Lampinen. 差分进化算法[M]. 蔡之华, 等, 译, 机械工业出版社, 2017.

[26] 戴卫恒, 于全. 一种结合知识挖掘的进化规划算法[J]. 信号处理, 2002, 18(3): 241-243.

[27] 张光卫, 康建初, 李鹤松, 等. 基于云模型的全局最优化算法[J]. 北京航空航天大学学报, 2007, 33(4): 486-490.

[28] 张光卫, 何锐, 刘禹, 等. 基于云模型的进化算法[J]. 计算机学报, 2008, 31(7): 1082-1091.

[29] 刘禹, 李德毅, 张光卫, 等. 云模型雾化特性及在进化算法中的应用[J]. 电子学报, 2009, 37(8): 1651-1658.

[30] 赵志强, 缑锦, 陈维斌. 基于云模型的自学习进化算法[J]. 北京交通大学学报, 2009, 33(6): 110-115.

[31] Ying Gao. An optimization algorithm based on cloud model[C]. International Conferenceon Computational Intelligence and Security, 2009, 2: 84-87.

[32] 马文辉, 崔莹. 云模型在机器人路径规划算法中的研究[J]. 知识经济, 2010, 121.

[33] 戴丽金. 基于云模型的智能计算策略研究[D]. 福建: 福州大学, 2011.

[34] 陈俊风. 一类计算智能方法的停滞问题研究[D]. 杭州: 浙江大学, 2011.

[35] 乔英,高岳林,江巧永. 多目标云分布估计算法[J]. 兰州理工大学学报, 2012, 38(2): 91-96.

[36] 许波,彭志平,陈晓龙,等. 一种基于云模型的多目标进化算法[J]. 信息与控制, 2012, 41(3): 326-332.

[37] 许波,彭志平,余建平,等. 基于云模型的NSGA-Ⅱ算法改进[J]. 小型微型计算机系统, 2012, 33(7): 1599-1602.

[38] 马占春,宁小美. 云进化机器人路径规划算法[J]. 科技通报, 2012, 28(10): 155-157.

[39] 彭建刚,刘明周,张铭鑫,等. 基于改进非支配排序的云模型进化多目标柔性作业车间调度[J]. 机械工程学报, 2014, 50(12): 198-205.

[40] 姜玥,崔梦天,吴江,等. 基于条件云的基因表达式编程算法[J]. 计算机应用研究, 2014, 32(4): 1107-1109, 1148.

[41] 姜玥,何林霖,刘倩. 基于尖Γ云模型的基因表达式编程算法研究[J]. 西南民族大学学报(自然科学版), 2018, 44(3): 291-296.

[42] 许春蕾,陈昊,易鑫睿. 面向进化算法的问题相对求解难度降低方法[J]. 小型微型计算机系统, 2018, 39(11): 2451-2456.

[43] 许春蕾. 基于知识表示、提取与影响的进化算法[D]. 南昌:南昌航空大学, 2018.

[44] 戴朝华,朱云芳,陈维荣. 一种基于云理论的新颖进化算法[J]. 西南交通大学学报, 2006, 41(6): 729-732.

[45] C. H. Dai, Y. F. Zhu, W. R. Chen. Cloud-model-based genetic algorithm[C]. 2006 Proceeding of International Conference on Sensing, Computing and Automation, (ICSCA), 2006, 1860-1864.

[46] 戴朝华,朱云芳,陈维荣,等. 云遗传算法及其应用[J]. 电子学报, 2007, 35(7): 1419-1424.

[47] 王慧. 结合遗传算法的粒子群优化模型及其应用研究[D]. 济南:山东师范大学, 2008.

[48] Li Hesong, Zhang Guangwei, Li Deyi, et al. Classification evolution algorithm based on cloud model[J]. Journal of Communication and Computer, 2009, 6(10): 8-16.

[49] 姚小强,鄢余武,王崴. 基于云遗传算法的图像相关匹配[J]. 计算机工程, 2011, 37(01): 201-203.

[50] 吴涛,金富义. 基于云控制的自适应遗传算法[J]. 计算机工程, 2011, 37(8): 189-191.

[51] 付学文. 基于云模型的遗传算法的研究[D]. 哈尔滨:哈尔滨工业大学, 2011.

[52] 陈昊. 动态环境下进化计算的研究[D]. 南京:南京航空航天大学, 2011.

[53] 韩勇,曹兴华,杨煜普. 一种改进的自适应云遗传算法[J]. 计算机仿真, 2011, 28(10): 191-194, 198.

[54] 吴立锋. 基于云遗传算法的函数优化[J]. 电脑知识与技术, 2011, 7(28): 6951-6953.

[55] Qin Song, Feng Lin, Wei Sun, et al. Learning bayesian network structure using a cloud-based adaptive immune genetic algorithm[J]. Proc spie, 2011, 8050(4): 80500s-1-80500s-10.

[56] 海冉冉. 基于云自适应遗传算法的优化问题研究[D]. 吉林: 东北电力大学, 2013.

[57] 郭凤鸣. 基于云模型的遗传进化算法的研究[D]. 南京: 南京理工大学, 2013.

[58] 石兵. 基于云模型的粒编码遗传算法[D]. 太原: 太原理工大学, 2013.

[59] 沈佳杰. 基于改进混合进化算法的贝叶斯网络结构学习[D]. 杭州: 浙江大学, 2013.

[60] 姜明佐. 基于云模型改进的遗传算法研究[D]. 大连: 辽宁师范大学, 2013.

[61] 姜明佐, 张新立, 吴涛, 等. 基于云控制的混沌多种群自适应遗传算法[J]. 计算机工程, 2014, 40(1): 186-190.

[62] 赵芳芳. 改进的克隆选择算法及其在控制器参数整定中的应用[D]. 长沙: 湖南大学, 2013.

[63] 鲍泽阳. 基于云自适应遗传算法的无人机路径规划技术研究[D]. 哈尔滨: 哈尔滨工程大学, 2016.

[64] 何振峰, 熊范纶. 峰度驱动的云进化策略[J]. 模式识别与人工智能, 2012, 25(2): 205-212.

[65] 乔帅. 基于云模型的CMA-ES算法研究与应用[D]. 太原: 太原理工大学, 2015.

[66] 乔帅, 续欣莹, 阎高伟. 基于云推理的协方差矩阵自适应进化策略算法[J]. 计算机应用与软件, 2016, 242-245, 272.

[67] Luo Ziqiang, Cao Peng, Wen Bin, et al. A novel cloud evolutionary strategy for Ackley's function[C]. 2016 International Conference on Service Science, Technology and Engineering (SSTE), Suzhou, China, 2016: 312-316.

[68] Luo Ziqiang, Zhang Yu, Wen Bin, et al. The statistical analysis of cloud evolutionary strategy[C]. 2018 10th International Conference on Machine Learning and Computing (ICMLC), Macau, China, 2018: 332-335.

[69] 段海滨, 王道波, 于秀芬, 等. 基于云模型理论的蚁群算法改进研究[J]. 哈尔滨工业大学学报, 2005, 37(1): 115-119.

[70] 段海滨, 王道波, 于秀芬. 基于云模型的小生境MAX-MIN相遇蚁群算法[J]. 吉林大学学报, 2006, 36(5): 803-808.

[71] 牟峰, 王慈光, 袁晓辉, 等. 基于云模型的参数自适应蚁群遗传算法[J]. 系统工程与电子技术, 2009, 31(7): 1763-1766.

[72] 牟峰, 袁晓辉, 王慈光, 等. 基于灰预测和正态云的参数自适应蚁群遗传算法[J]. 控

制理论与应用，2010，27(6)：701-707.

[73] 张煜东，吴乐南，韦耿. 一种改进的基于隶属云模型的蚁群算法[J]. 计算机工程与应用，2009，45(27)：11-15.

[74] 张煜东，吴乐南，王水花，等. 基于隶属云模型蚁群算法与LK搜索的TSP求解[J]. 计算机工程与应用，2011，47(14)：46-55.

[75] 马颖. 基于量子计算理论的优化算法研究[D]. 西安：西北工业大学，2014.

[76] 李絮，刘争艳. 基于云模型的模糊自适应蚁群算法研究[J]. 计算机工程与应用，2016，52(2)：24-27.

[77] 毛恒. 粒子群优化算法的改进及应用研究[D]. 福建：华侨大学，2008.

[78] 韦杏琼，周永权，黄华娟，等. 云自适应粒子群算法[J]. 计算机工程与应用，2009，45(1)：48-50.

[79] 罗德相，周永权，黄华娟，等. 基于扩张变异方法的云自适应粒子群算法[J]. 计算机工程与设计，2009，30(20)：4715-4718.

[80] 郑春颖，王晓丹，郑全弟，等. 自逃逸云简化粒子群优化算法[J]. 小型微型计算机系统，2010，31(7)：1458-1462.

[81] 邵岁锋. 基于云模型的改进粒子群算法研究与应用[D]. 长沙：湖南大学，2010.

[82] 张艳琼. 改进的云自适应粒子群优化算法[J]. 计算机应用研究，2010，27(9)：3250-3252.

[83] Xu Ganggang, Yu Liping, Guo Jianli. Application of optimization algorithm on cloud adaptive gradient particle swarm optimization in optimal reactive power[J]. Journal of Computational Information Systems，2011，7(13)：4931-4938.

[84] Zhang Junqi, Ni Lina, Yao Jing, et al. Adaptive bare bones particle swarm inspired by cloud model[J]. IEICE Transactions on Information and Systems，2011，E94-D(8)：1527-1538.

[85] 刘衍民，赵庆祯，邵增珍. 基于正态云的粒子群优化算法及其应用[J]. 计算机工程，2011，7(17)：161-162，166.

[86] 刘洪霞，周永权. 一种基于均值的云自适应粒子群算法[J]. 计算机工程与科学，2011，33(5)：97-101.

[87] 张英杰，邵岁锋，J. Niyongabo. 一种基于云模型的云变异粒子群算法[J]. 模式识别与人工智能，2011，24(1)：90-94.

[88] 段超. 改进粒子群算法在资源约束项目调度中的应用研究[D]. 重庆：重庆大学，2011.

[89] 魏连锁，戴学丰. 基于云模型的粒子群优化算法在路径规划中的应用[J]. 计算机工程与应用，2012，48(17)：229-231.

[90] 齐名军，杨爱红. 基于云模型云滴机制的量子粒子群优化算法[J]. 计算机工程与应用，2012，48(24)：49-53.

[91] 徐克虎，李科，黄大山. 基于云进化的遗传粒子滤波算法[J]. 装甲兵工程学院学报，2012，26(1)：55-58.

[92] 张佩炯，苏宏升. 一种改进的云粒子群算法及其应用研究[J]. 计算机科学，2012，39(11A)：249-251，255.

[93] 张朝龙，江巨浪，李彦梅，等. 基于云粒子群——最小二乘支持向量机的传感器温度补偿[J]. 传感技术学报，2012，25(4)：472-477.

[94] 张朝龙，余春日，江善和，等. 基于混沌云模型的粒子群优化算法[J]. 计算机应用，2012，32(7)：1951-1954.

[95] 张朝龙，余春日，江善和，等. 基于自适应云粒子群算法的 Wiener 模型辨识[J]. 计算机应用研究，2012，4041-4044，4049.

[96] 李明伟. 混沌云粒子群混合优化算法及其在港口管理中的应用研究[D]. 大连：大连理工大学，2013.

[97] 董晓璋，许莺. 基于云理论的无人机航路规划算法[J]. 指挥信息系统与技术，2014，5(5)：44-48.

[98] 董航，高志强，李姝媛，等. 混合粒子群优化算法及其收敛性分析[J]. 计算机测量与控制，2016，24(5)：146-149.

[99] 许川佩，王征，李智. 基于量子进化算法的 SoC 测试结构优化[J]. 仪器仪表学报，2007，28(10)：1792-1799.

[100] 许川佩，覃上洲. 基于云量子进化算法的 SOC 测试规划研究[J]. 桂林电子科技大学学报，2010.

[101] 许川佩，李素娟. 基于云量子进化算法的 NoC 资源内核测试优化研究[J]. 微电子学与计算机，2013，30(12)：117-120.

[102] 许波，彭志平，余建平. 一种基于云模型的改进型量子遗传算法[J]. 计算机应用研究，2011，28(10)：3685-3686.

[103] 覃上洲. 基于云量子进化算法的 SoC 测试规划研究[D]. 桂林：桂林电子科技大学，2011.

[104] 李贞双，李争艳. 基于云模型的量子免疫优化算法[J]. 计算机工程与应用，2011，47(21)：123-125.

[105] 吴晓辉. 基于云自适应差分算法的动态影响矩阵板形控制研究[D]. 秦皇岛：燕山大学，2012.

[106] 丁卫平，王建东，管致锦，等. 基于量子云模型演化的最小属性约简增强算法[J]. 东

南大学学报(自然科学版), 2013, 43(2): 290-295.

[107] 李国柱. 基于云模型的实数编码量子进化算法[J]. 计算机应用, 2013, 33(9): 2550-2552, 2569.

[108] 毕晓君, 刘国安. 基于云差分进化算法的约束多目标优化实现[J]. 哈尔滨工程大学学报, 2012, 33(8): 1022-1031.

[109] 孙晶晶. 面向大规模函数优化的进化算法研究与应用[D]. 哈尔滨: 哈尔滨工程大学, 2013.

[110] 呼忠权. 差分进化算法的优化及其应用研究[D]. 秦皇岛: 燕山大学, 2013.

[111] 潘琦, 何中市, 祝华正. 基于复形法和云模型的差分进化混合算法[J]. 计算机应用研究, 2013, 30(10): 2981-2985.

[112] 郭肇禄, 吴志健, 汪靖, 等. 一种基于精英云变异的差分演化算法[J]. 武汉大学学报(理学版), 2013, 59(2): 117-122.

[113] 胡冠宇, 乔佩利. 基于云群的高维差分进化算法及其在网络安全态势预测上的应用[J]. 吉林大学学报(工学版), 2015, 46(2): 568-577.

[114] 李双双, 田雨波, 胡晓朋, 等. 鲶鱼云模型优化差分进化算法研究[J]. 计算机仿真, 2018.

[115] 卢雪燕, 周永权. 基于蜜蜂双种群进化机制的云自适应遗传算法[J]. 计算机应用, 2008, 28(12): 3068-3071.

[116] 林小军, 叶东毅. 云变异人工蜂群算法[J]. 计算机应用, 2012, 32(9): 2538-2541.

[117] 林小军. 基于人工蜂群和云模型的仿生智能算法研究与应用[D]. 福建: 福州大学, 2013.

[118] 马红娇. 基于云模型的改进人工蜂群算法研究[D]. 南京: 南京师范大学, 2014.

[119] 张强, 李盼池, 王梅. 自适应混合文化蜂群算法求解连续空间优化问题[J]. 电子科技大学学报, 2017, 46(2): 419-425.

[120] 韦修喜, 曾海文, 周永权. 云人工鱼群算法[J]. 计算机工程与应用, 2010, 46(22): 26-29.

[121] 王明永. 基于云模型的人工鱼群算法[D]. 上海: 华东理工大学, 2013.

[122] 洪兴福, 胡祥涛. 一种求解复杂优化问题的新型人工鱼群算法[J]. 计算机工程与应用, 2014, 51(14): 40-45.

[123] 宋晓. 基于云模型人工鱼群算法的应用研究[D]. 辽宁: 辽宁工程技术大学, 2014.

[124] Pin Lv, Lin Yuan, Jinfang Zhang. Cloud theory-based simulated annealing algorithm and application[J]. Engineering Applications of Artifcial Intelligence, 2009, 22(4): 742-749.

[125] 董丽丽,龚光红,李妮,等. 基于云模型的自适应并行模拟退火遗传算法[J]. 北京航空航天大学学报, 2011, 37(9): 1132-1136.

[126] 曹如胜,倪世宏,张鹏. 基于云遗传退火的贝叶斯网络结构学习算法[J]. 计算机科学, 2017, 44(9): 239-242.

[127] 刘齐,张强,齐彧. 一种基于云模型的改进型混洗蛙跳算法[J]. 信息技术, 2015, 01: 62-64, 68.

[128] 王丽萍,孙平,蒋志强,等. 基于并行云变异蛙跳算法的梯级水库优化调度研究[J]. 系统工程理论与实践, 2015, 35(3): 790-798.

[129] 张强,李盼池. 自适应分组混沌云模型蛙跳算法求解连续空间优化问题[J]. 控制与决策, 2015, 30(5): 923-928.

[130] 张强,李盼池,李欣. 一种基于元胞自动机的混洗蛙跳优化算法[J]. 吉林大学学报(理学版), 2016, 54(2): 337-343.

[131] 刘丽杰,张强. 自适应混合文化蛙跳算法求解连续空间优化问题[J]. 信息与控制, 2016, 45(3): 306-312.

[132] 左词立. 基于云模型的果蝇优化算法及应用研究[D]. 长沙: 湖南科技大学, 2017.

[133] 李德毅,史雪梅,孟海军. 隶属云和隶属云发生器[J]. 计算机研究与发展, 1995, 32(6): 15-20.

[134] 李德毅. 三级倒立摆的云控制方法及动平衡模式[J]. 中国工程科学, 1999, 1(2): 41-46.

[135] 范建华. 基于云理论的数据开采技术及其在指挥自动化系统中的应用[D]. 北京: 中国人民解放军通信工程学院, 1999.

[136] 邱凯昌. 空间数据发掘和知识发现的理论与方法[D]. 武汉: 武汉测绘大学, 1999.

[137] 王树良. 基于数据场与云模型的空间数据挖掘和知识发现[D]. 武汉: 武汉大学, 2002.

[138] 张申如,邓晓燕,王庭昌. 隶属云辛普森模型在跳频码发生器中的应用[J]. 通信学报, 2002, 23(10): 39-44.

[139] 吕辉军,王晔,李德毅. 逆向云在定性评价中的应用[J]. 计算机学报, 2003, 26(8): 1009-1014.

[140] 张勇,赵东宁,李德毅. 关系数据库数字水印技术[J]. 计算机工程与应用, 2003, 39(25): 193-195.

[141] 刘常昱,冯芒,戴晓军,等. 基于云X信息的逆向云新算法[J]. 系统仿真学报, 2004, 16(11): 2417-2420.

[142] 刘常昱,李德毅,杜鹢,等. 正态云模型的统计分析[J]. 信息与控制, 2005, 34(2): 236-239.

[143] 李德仁，王树良，李德毅. 空间数据挖掘理论与应用[M]. 北京：科学出版社，2006.
[144] L. Deyi，L. Changyu，G. Wenyan. A new cognitive model：cloud model[J]. Int. J. Intell. Syst.，2009，24：357-375.
[145] 李德毅，杜鹢. 不确定性人工智能(第二版)[M]. 北京：国防工业出版社，2014.
[146] 魏宗舒. 概率论与数理统计教程[M]. 北京：高等教育出版社. 1983.
[147] 茆诗松，王静龙，濮晓龙. 高等数理统计[M]. 北京：高等教育出版社，1998.
[148] 周性伟. 实变函数[M]. 北京：科学出版社，2001.
[149] D. C. Didier，D. Marie . Probability and statistics[M]. New York：Springer-Verlag New York Inc.，1986.
[150] W. Fellicr. An introduction to probability theory and its applications[M]. NewYork：Wiley，1950.
[151] 李德毅，刘常昱，淦文燕. 正态云模型的重尾性质证明[J]. 中国工程科学，2011，13(4)：20-23.
[152] 刘玉超，马于涛，张海粟，等. 高阶高斯分布迭代的云模型及其数学性质研究[J]. 电子学报，2012，40(10)：1913-1919.
[153] 王国胤，许昌林，张清华，等. 双向认知计算的 p 阶正态云模型递归定义及分析[J]. 计算机学报，2013. 2316-2329.
[154] W. Guoyin，X. Changlin，L. Deyi. Generic normal cloud model[J]. Information Sciences，2014，280：1-15.
[155] Ziqiang Luo，Peng Cao，Bin Wen，et al. Mathematical analysis of generalized normal cloud model[C]. 2015 International Conference on Material Engineering and Mechanical Engineering，2015，398-409.
[156] 罗自强，张瑜，文斌，等. 基于贪心思想和云模型的进化算法在 TSP 中的应用[J]. 解放军理工大学学报(自然科学版)，2018，12.
[157] G. B. Dantzig，S. Johnson. Solution of a large-scale traveling-salesman problem[J]. Operations Research，2010，2(4)：393-410.
[158] A. H. Halim，I. Ismail. Combinatorial optimization：comparison of heuristic algorithms in travelling salesman problem[J]. Archives of Computational Methods in Engineering，2017，11：1-14.
[159] H. Qu，Z. Yi，H. J. Tang. A columnar competitive model for solving multi-traveling salesman problem[J]. Chaos Solitons & Fractals，2007，31(4)：1009-1019.
[160] 张弛，涂立，王加阳. 新型蚁群算法在 TSP 问题中的应用[J]. 中南大学学报（自然科学版），2015，46(8)：2944-2949.

[161] 杜鹏桢，唐振民，孙研. 一种面向对象的多角色蚁群算法及其 TSP 问题求解[J]. 控制与决策，2014，29(10)：1729-1736.

[162] 李擎，张超，陈鹏，等. 一种基于粒子群参数优化的改进蚁群算法[J]. 控制与决策，2013，28(6)：873-878.

[163] 王忠英，白艳萍，岳利霞. 经过改进的求解 TSP 问题的蚁群算法[J]. 数学的实践与认识，2012，2(4)：133-140.

[164] 王银年，葛洪伟. 求解 TSP 问题的改进模拟退火遗传算法[J]. 计算机工程与应用，2010，46(5)：44-47.

[165] 王熙照，贺毅朝，求解背包问题的演化算法[J]. 软件学报，2017，28(1)：1-16.

[166] H. Kellerer, U. Pferschy, D. Pisinger. Knapsack problems[M]. Berlin：Springer-Verlag, 2004.

[167] R. M. Karp. Reducibility among combinatorial problems[M]. Proc. of the Complexityof Computer Computations, New York：Plenum Press, 1972：110-137.

[168] S. Martello, P. Toth. Knapsack problems: algorithms and computer implementations[M]. New York：John Wiley & Sons, Inc. , 1990, 13-102.

[169] G. B. Mathews. On the partition of numbers[M]. Proc. of the London MathematicalSociety, 1897, 28：486-490.

[170] G. B. Dantzig. Discrete variable extremum problems[M]. Operations Research, 1957, 5：266-277.

[171] D. E. Goldberg, R. E. Smith. Nonstationary function optimization using genetic algorithms with dominance and diploidy[M]. Proc. of the Int'l Conf. on Genetic Algorithms. Hillsdale：L. Erlbaum Associates Inc. , 1987, 59-68.

[172] Y. C. He, X. L. Zhang, X. Li, et al. Algorithms for randomized time-varying knapsack problems[J]. Journal of Combinatorial Optimization, 2016, 31(1)：95-117.

[173] 贺毅朝，王熙照，李文斌，等. 求解随机时变背包问题的精确算法与进化算法[J]. 软件学报，2017，28(2)：185-202.

[174] A. Hiley, B. A. Julstrom. The quadratic multiple knapsack problem and three heuristic approaches to it[C]. Proc. of the Genetic and Evolutionary Computation Conf. (GECCO 2006), New York：ACM Press, 2006, 1：547-552.

[175] T. Sarac, A. Sipahioglu. A genetic algorithm for the quadratic multiple knapsack problem[J]. LNCS, 2007, 47(29)：490-498.

[176] A. Sbihi. A best first search exact algorithm for the multiple-choice multidimensional knapsack problem[J]. Journal of Combinatorial Optimization, 2007, 13：337-351.

[177] Z. G. Ren，Z. R. Feng，A. M. Zhang. Fusing ant colony optimization with Lagrangian relaxation for the multiple-choice multidimensional knapsack problem[J]. Information-Sciences，2012，182：15-29.

[178] B. Guldan. Heuristic and exact algorithms for discounted knapsack problems[M]. University of Erlangen- Nürnberg，2007.

[179] A. Y. Rong，J. R. Figueira，K. Klamroth. Dynamic programming based algorithms for the discounted {0-1} knapsack problem[J]. Applied Mathematics and Computation，2012，218(12)：6921-6933.

[180] 贺毅朝，王熙照，李文斌，等. 基于遗传算法求解折扣{0-1}背包问题的研究[J]. 计算机学报，2016，39(12)：2614-2630.

[181] Z. Michalewicz，M. Schoenauer. Evolutionary algorithms for constrained pararmeter optimization problems[J]. Evolutionary Computation，1996，4(1)：1-32.

[182] 吴少岩，许卓群. 遗传算法中遗传算子的启发式构造策略[J]. 计算机学报，1998，21(11)：1003-1008.

[183] 张铃，张钹. 佳点集遗传算法[J]. 计算机学报，2001，24(9)：917-922.

[184] T. Y. Lim，M. A. Al Betar，A. T. Khader. Taming the 0/1 knapsack problem with monogamous pairs genetic algorithm[J]. Expert Systems with Applications，2016，54：241-250.

[185] J. C. Bansal，K. Deep. A modified binary particle swarm optimization for knapsack problems[J]. Applied Mathematics and Computation，2012，218：11042-11061.

[186] J. Kennedy，R. C. Eberhart. A discrete binary version of the particle swarm optimization[C]. Proc. of the '97 Conf. on System，Man，and Cybernetices，Piscataway：IEEE Service Center，1997，4104-4108.

[187] C. Changdar，G. S. Mahapatra，R. K. Pal. An ant colony optimization approach for binary knapsack problem under fuzziness[J]. Applied Mathematics and Computation，2013，223：243-253.

[188] 贺毅朝，王熙照，寇应展. 一种具有混合编码的二进制差分演化算法[J]. 计算机研究与发展，2007，44(9)：1476-1484.

[189] D. X. Zou，L. Q. Gao，S. Li，et al. Solving 0-1 knapsack problem by a novel global harmony search algorithm[J]. Applied Soft Computing，2011，11：1556-1564.

[190] X. Y. Kong，L. Q. Gao，H. B. Ouyang，et al. A simplified binary harmony search algorithm for large scale 0-1 knapsack problems[J]. Expert Systems with Applications，2015，42：5337-5355.

[191] R. S. Pavithr, Gursaran. Quantum inspired social evolution algorithm for 0-1 knapsack problem[J]. Swarm & Evolutionary Computation, 2016, 29: 33-46.

[192] K. K. Bhattacharjee, S. P. Sarmah. Shuffled frog leaping algorithm and its applicationto 0/1 knapsack problem[J]. Applied Soft Computing, 2014, 19: 252-263.

[193] Y. Q. Zhou, X. Chen, G. Zhou. An improved monkey algorithm for a 0-1 knapsack problem[J]. Applied Soft Computing, 2016, 38: 817-830.

[194] 徐小平,师喜婷,钱富才. 基于猴群算法求解0-1背包问题[J]. 计算机系统应用, 2018, 27(5): 133-138.

[195] 贺毅朝,宋建民,张敬敏,等. 利用遗传算法求解静态与动态背包问题的研究[J]. 计算机应用研究, 2015, 32(4): 1011-1015.

[196] 周洋,潘大志. 求解0-1背包问题的贪心优化粒子群算法[J]. 西华师范大学学报(自然科学版), 2018, 39(3): 319-324.

[197] Z. Q. Luo, P. Cao, B. Wen, et al. A novel cloud evolutionary strategy for Ackley's function[C]. 2016 International Conference on Service Science, Technology and Engineering (SSTE), Suzhou, China, DEStech Publications, 2016: 312-316.

[198] Z. Q. Luo, Y. Zhang, B. Wen, et al. The statistical analysis of cloud evolutionary strategy[C]. 2018 10th International Conference on Machine Learning and Computing (ICMLC), Macau, China, ACM Press, 2018: 332-335.

[199] 岳嵚,冯珊. 遗传算法的计算性能的统计分析[J]. 计算机学报, 2009, 32(12): 2389-2392.

[200] D. H. Ackley. A connectionist machine for genetic hillclimbing[M]. Kluwer Academic Publisher, USA, 1987.

[201] T. Back. Evolutionary algorithms in theory and practice: evolution strategies, evolutionary programming, genetic algorithms[M]. Oxford: New York, 1996.

[202] 郁磊,史峰,王辉,胡斐,等. MATLAB智能算法30个案例分析[M]. 北京: 北京航空航天大学出版社, 2015.

[203] 吕明山. 军用软件可靠性分配[D]. 武汉: 海军工程大学, 2001.

[204] 罗自强,张志华,周红进. 软件可靠性分配的遗传模型研究[J]. 海军工程大学学报, 2003, 15(6): 90-94.

[205] Siegrist K. Reliability of systems with Markov transfer of control[J]. IEEE Trans. Software Eng., 1988, 14(7): 1049-1053.